岩槻秀明

いかだ社

目次

はじめに

『お天気を知る本』第３巻は、天気予報など、お天気に関する仕事の話です。

天気予報など、天気に関する仕事のルールは、気象業務法という法律によって決められています。

その気象業務法が改正され、1994年度に登場したのが「気象予報士」です。気象予報士の資格を使うことで、気象庁以外の民間事業者も、一般向けの天気予報を仕事として発表できるようになりました。

この本が出版される2024年は、ちょうど気象予報士が誕生して30周年の記念の年になります。この30年間で気象予報士の活動の幅は大きく広がりました。

お天気キャスターとしてテレビやラジオで天気予報を伝える仕事をはじめ、道路や鉄道、飛行機、船など交通機関や物流の安全を守る仕事、農業など天気の影響を大きく受ける産業を支える仕事、気象や防災に関する知識を伝える仕事など、さまざまな分野で気象予報士が活躍しています。

また近年は「気象防災アドバイザー」として、自治体の災害対応への協力を行う仕事も広がりつつあります。

気象予報士試験には受験資格がないため、試験に合格して気象庁に登録すれば、誰でも気象予報士になることができます。小中高生の気象予報士も続々誕生しており、わたしも高校生気象予報士のひとりでした。

この本を通して、天気に関する仕事に興味をもち、気象予報士を目指す人がひとりでも増えてくれるといいなと思っています。

2024年３月

気象予報士わぴちゃんこと　岩槻秀明

第1章 気象予報士のはなし

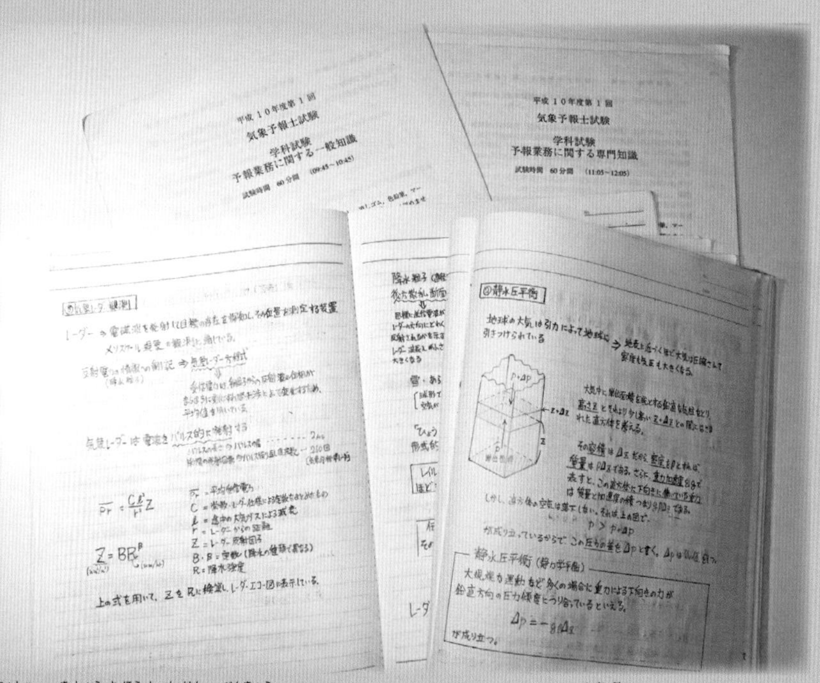

著者が気象予報士試験の勉強をしていたころにまとめたノートの一部。

みなさんは気象予報士と聞いて
何をイメージするでしょうか？
お天気キャスターを連想する人が多いかもしれませんね。
それも気象予報士のりっぱな仕事のひとつですが、
じつはそれだけではなく、さまざまなところで活躍しています。
気象予報士にはどんな仕事があるのか、
そして気象予報士にはどうしたらなれるのか、
どのような勉強をしたらいいのか、紹介していきます。

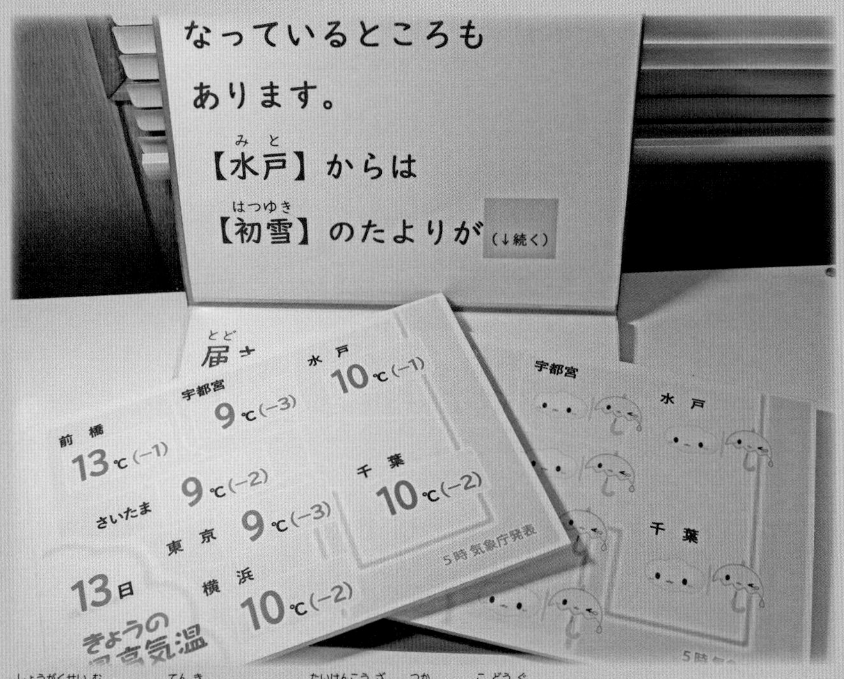

小学生向けのお天気キャスター体験講座で使った小道具。

気象予報士ってなぁに？

気象予報士は国家資格のひとつ

気象予報士は、医師や弁護士、保育士などと同じ国家資格のひとつです。資格試験を受けて、それに合格し、気象庁に登録することで気象予報士として活動することができます。

じつは気象予報士という名前の職業はありません。気象予報士という資格を使って、さまざまな仕事をするのです。お天気キャスターも、気象予報士という資格を使って、「テレビに出て天気予報の解説をする仕事」をしているのです。

気象予報士になると何ができるの？

天気予報にもルールがあり、法律でいろいろ細かく決められています（くわしくはp51参照）。その中のひとつに「気象庁以外の人は無許可で天気予報を仕事にしてはいけない」というものがあります。

もし気象庁以外の人が仕事として天気予報をする場合は、気象予報士の資格を取って、さらに気象庁の許可を受ける必要があります。

つまり気象予報士になり、さらに気象庁の許可を受けることで、オリジナルの天気予報を発表できるようになります。

ちなみに気象庁の天気予報をそのまま伝えるだけであれば、気象予報士の資格は不要ですが、そこに自分の考えを入れて説明する場合は気象予報士の資格が必要になります。

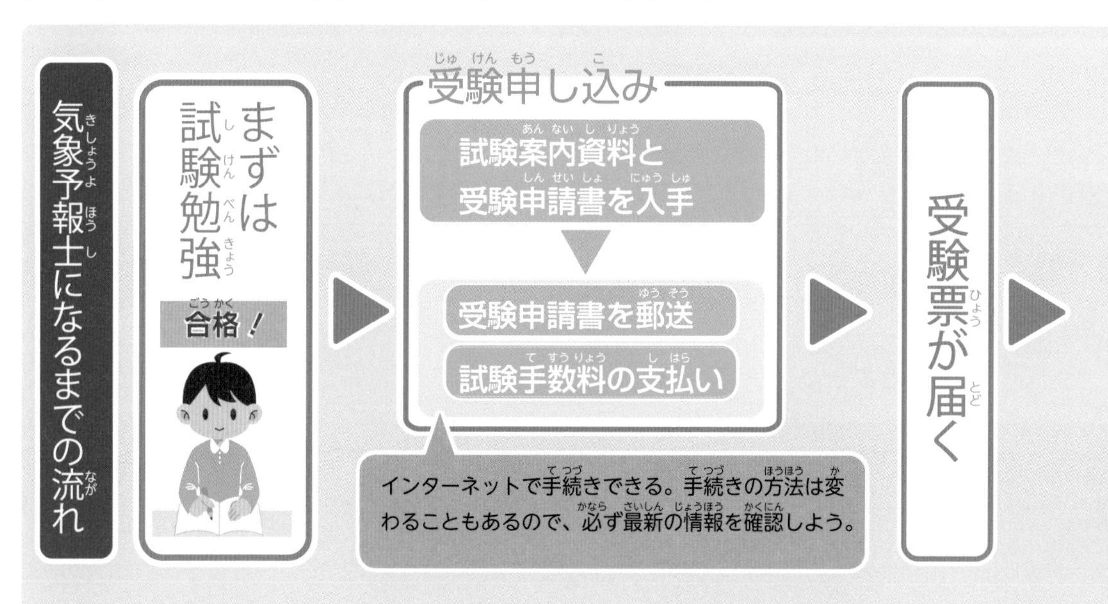

活躍の場はいろいろ

気象予報士の資格を活かした仕事は、お天気キャスターだけではありません。道路や鉄道、飛行機などの交通機関の安全を支える仕事、天気の影響を受けやすい産業（農業など）を支える仕事、気象災害から命やくらしを守る仕事などたくさんあります。わたしのように本をつくったり、出前授業をしたりして、気象の知識を伝える仕事もあります。

気象予報士の仕事の例

これはほんの一部！

お天気キャスター
（天気予報を伝える）

道路や鉄道など交通機関の安全を守る

天気に左右されやすい農業の現場を支える

気象防災アドバイザー
（災害から地域を守る）

誰でも気象予報士になれる！

気象予報士は年齢や経験に関係なく、誰でも受験することができます。その気になれば小学生でもOKです。わたしは高校生の時に気象予報士になりました。

わたしが合格した時の写真

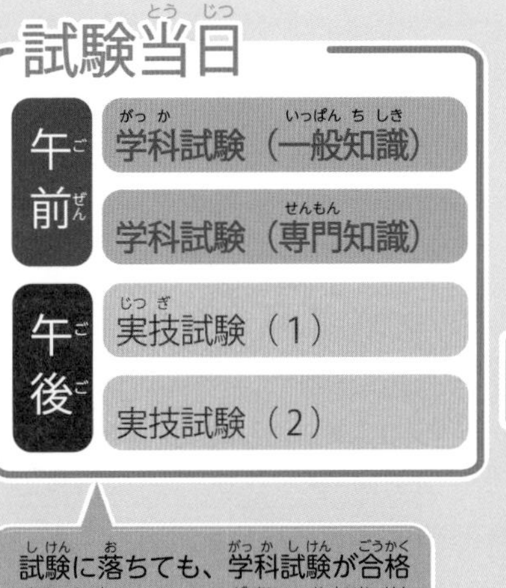

試験当日

- 午前
  - 学科試験（一般知識）
  - 学科試験（専門知識）
- 午後
  - 実技試験（1）
  - 実技試験（2）

試験に落ちても、学科試験が合格基準に達していた場合、次回受験時、合格した科目をパスできる（1年間有効）。

▶ 試験に合格

まだ気象予報士じゃないよ！登録が必要！

▶ 気象予報士登録手続き

▶ 気象予報士と名乗れる！

登録完了

試験に出るのはこんな内容

学科試験（一般知識）

気象予報士試験には学科試験と実技試験があり、学科試験はさらに一般知識と専門知識の２科目があります。そのうち一般知識では、気象に関する知識と、気象予報士に必要な法律の知識が出題されます。

11問以上正解でクリア

予報業務に関する一般知識

- 大気の構造
- 大気の熱力学
- 降水過程
- 大気における放射
- 大気の力学
- 気象現象
- 気候の変動
- 気象業務法など

試験時間60分　全15問　マークシート式（５択問題）

大気の構造

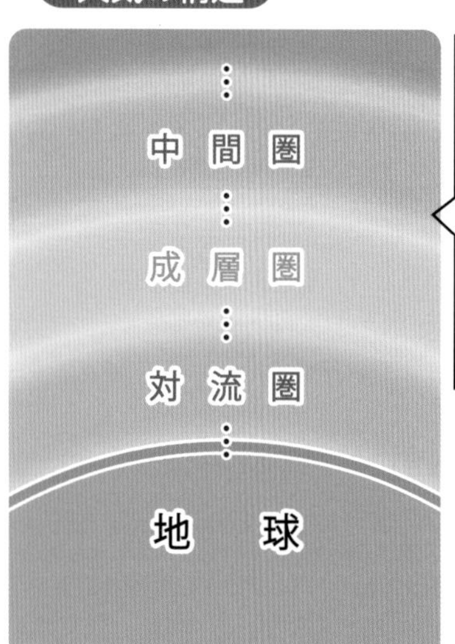

地球の大気はどのような構造になっているのか、また空気は何でできているのかなどの知識が問われます。

大気の熱力学

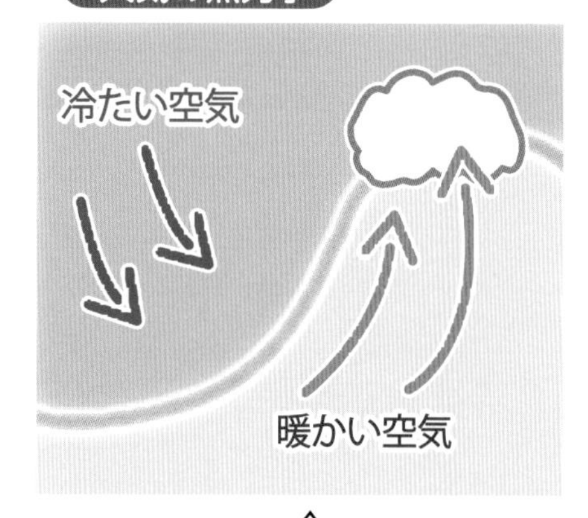

空気の性質のうち、熱が関係するものです。暖かい空気と冷たい空気の性質のちがい、空気が上下方向に移動した時にどのような変化が起きるのかなどが問われます。

降水過程

空気中での水のふるまいに関する知識です。雨や雪が降るしくみ、雲の種類と性質、水が関係する大気現象（霧など）について問われます。

大気における放射

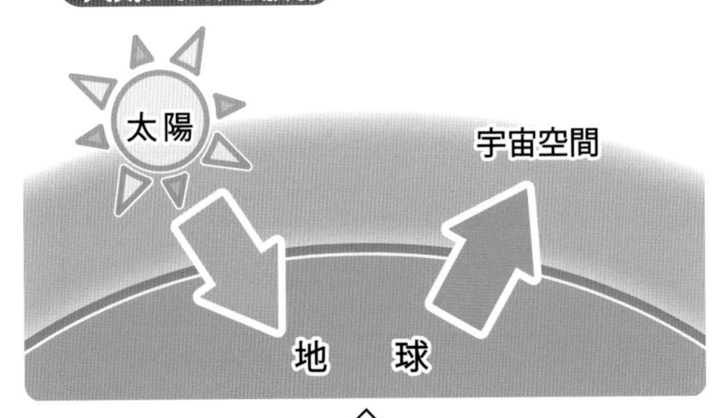

地球に降り注いだ太陽光は、空気中でどのようなふるまいをするのでしょうか。天気の変化を考える上で必要な光に関する知識が問われます。

大気の力学

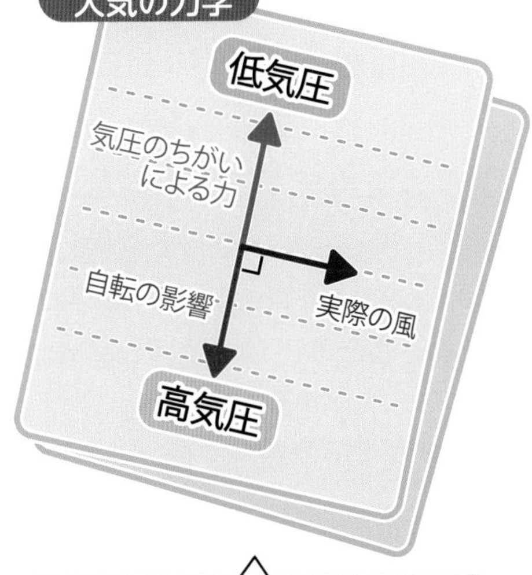

大気中にはさまざまな力がはたらき、それらは風の流れを決めるもとになります。そこで風の流れを知る上で必要な大気中の力に関する知識が問われます。

気象現象

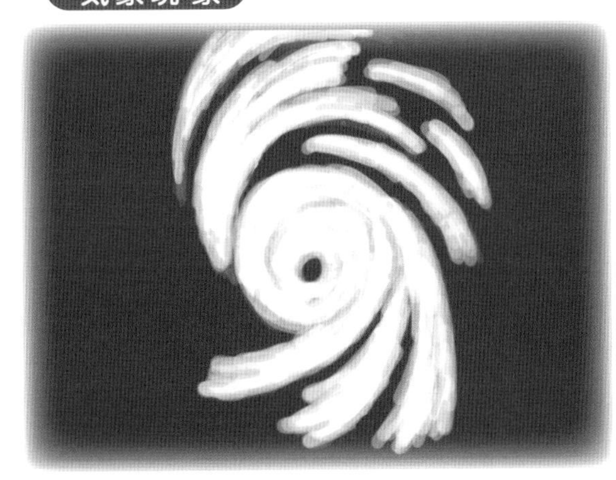

高気圧や低気圧、前線、台風、線状降水帯など、日々の天気の変化に関係するさまざまな現象の知識が問われます。

気候の変動

長い目で見た時、気温や降水量などはどのように変化しているのでしょうか。また気候変動の原因や地球温暖化に関する知識が問われます。

気象業務法など

気象業務法は、天気予報などについて定めた法律のことです。気象予報士として仕事をするためには、気象業務法をはじめ、関係する法律について正しく知っておく必要があります。そのため気象予報士試験では法律の問題が何問も出題されます。

学科試験（専門知識）

学科試験の２つめの科目である「専門知識」は、気象観測や天気予報に関する技術的なことが出題されます。また、細かく天気予報をするのに必要なくわしい気象の知識、気象災害に関することなどが出題されます。

予報業務に関する専門知識　11問以上正解でクリア

- 観測の成果の利用
- 数値予報
- 短期・中期予報
- 長期予報
- 局地予報
- 短時間予報
- 気象災害
- 予想の精度の評価
- 気象の予想の応用

試験時間60分　全15問　マークシート式（５択問題）

観測の成果の利用

レーダーやアメダス、気象衛星など、気象観測に関する知識が問われます。

数値予報

$$\varphi_{t+\Delta t} = \varphi_t + F_t \, \Delta T \cdots$$

5401 5404 5405 5408…
5403 5406 5407 5409…
5404 5406 5409 5410…

現代の天気予報はスーパーコンピュータを使った「数値予報」という技術でつくられています。その数値予報に関する知識が問われます。

短期・中期予報

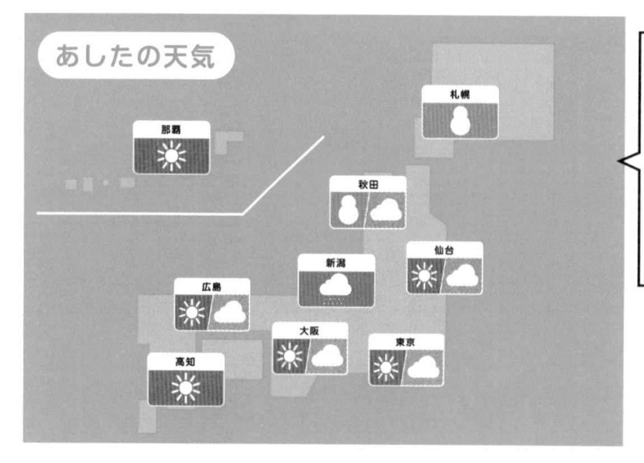

天気予報にもさまざまな種類があります。短期予報は今日・明日・あさっての天気予報、中期予報は週間天気予報のことです。

長期予報

長期予報は１か月、３か月という長い期間の気温や降水量について予報したものです。

2024年　1月～3月の天気

局地予報

局地予報は「○○市の○時の天気」など、ピンポイントで行う天気予報です。局地予報をするのに必要なさまざまな知識が出題されます。

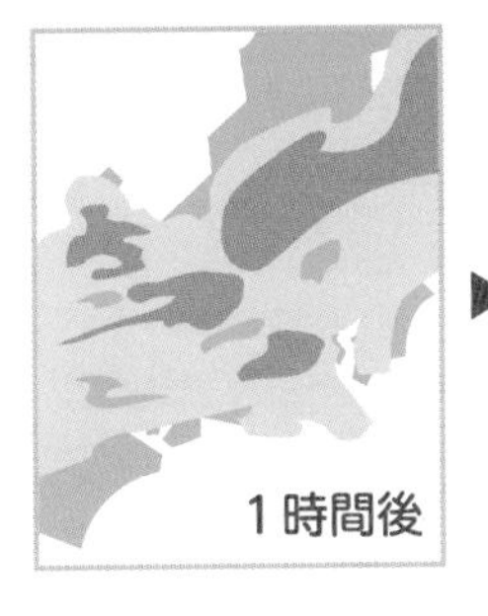

短時間予報

短時間予報は「雨雲の動き」など目先１時間程度のきめ細やかな予報のことです。それに関する知識が問われます。

気象災害

気象に関する災害、それに関係して発表される気象情報など、気象災害全体に関する知識が問われます。

天気予報の成績

1月	84	81	…
2月	86	87	…
3月	85	80	…
4月	83	78	…
⋮	⋮	⋮	

予想の精度の評価

正確な天気予報ができているか、それを確認するための方法についての知識が問われます。

気象の予想の応用

天気予報はさまざまな場面で活用され、命やくらし、産業を守る大切な役割もはたしています。その活用のしかたが問われます。

実技試験

実技試験は天気予報の現場で使われる天気図や資料を使いながら、問題に答えていくという試験です。実技試験は実技1と実技2の2つがあり、どちらもキーワードや文章で答える形式です。時に計算したり、図を書いたりするような問題が出ることもあります。

70%以上正解でクリア

実技試験

1 気象概況及びその変動の把握
日本付近は今どのような気象状況で今後どうなると予想されるか、天気図や資料から読み取る。

2 局地的な気象の予報
天気図や資料から、局地予報（例：○○市の天気予報）をするのに必要な情報を読み取る。

3 台風等緊急時における対応
天気図や資料から、防災上注意・警戒が必要な情報を読み取る。

実技試験は2つある！

試験時間75分
天気図を見て問題に答える

試験時間75分
天気図を見て問題に答える

天気図を見て今の状態を説明できる？

天気予報をするためには、まず今どうなっているのか知る必要があります。その上で、今後の天気の変化に影響を与えそうなもの（低気圧や前線、台風など）をしっかり確認します。

たとえば……
- この天気図から読み取れることは？
- 低気圧はどう動く？
- 低気圧が発達するか予想するために必要な情報は？　など

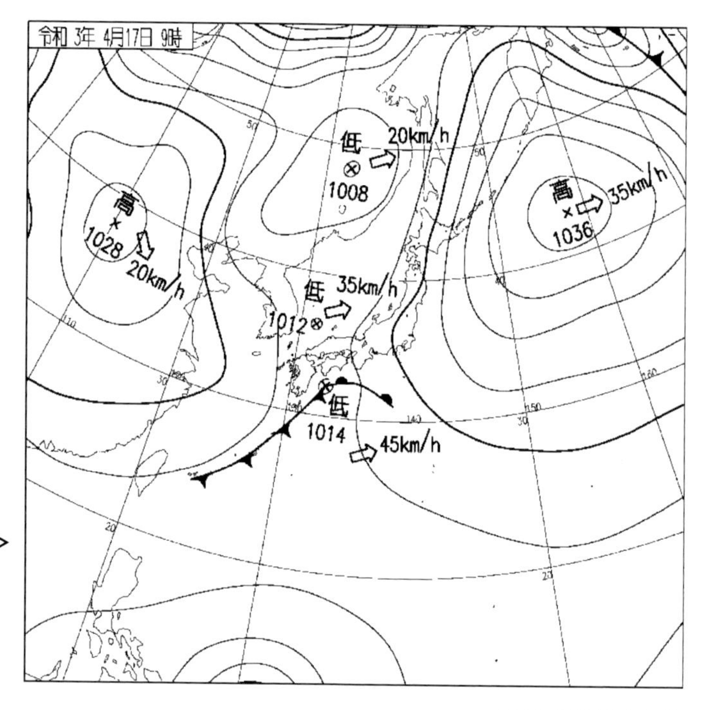

天気図は気象庁提供

国際式天気記号の読みかたが出るかも!?

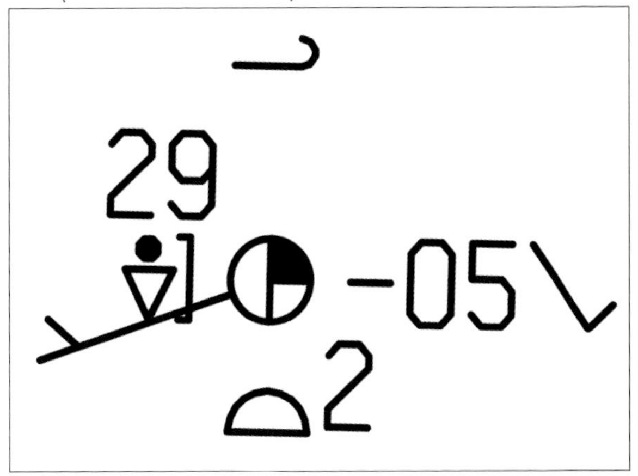

気象庁提供の天気図を一部拡大

アジア地上解析（くわしくはp14）という天気図には、観測データが国際式天気記号という形で記入されています。国際式天気記号は現在の天気だけではなく、気温や風、雲の状態などとてもくわしく書かれていて、それを読み取る問題が出ることもあります。

たとえば……

- 現在、雨や雪は降っている？
- 記録された雲の種類は？
- 気温や風は？　など

予想天気図を見て、天気予報を組み立てる！

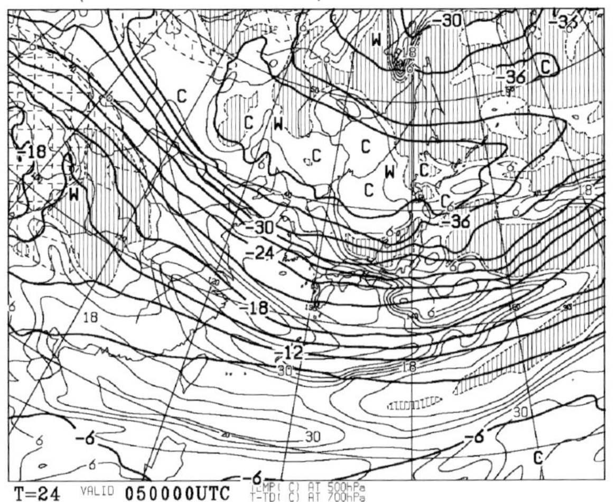

天気図は気象庁提供

数値予報（スーパーコンピュータによるシミュレーション）で作成された予想の図を見て、必要な情報を読み取りながら、天気予報を組み立てていきます。

たとえば……

これはある冬の日の高度3000m付近の気温、高度1500m付近の空気の湿り具合の予想。日本海側で大雪になる可能性はある？

災害につながる危険な現象が発生する可能性はあるか、発生している場合、それはどの地域にどのくらいの危険をもたらすものなのか、気象レーダーなどさまざまな資料を使って判断します。

たとえば……

- 雨雲Aは今後どのくらいの雨を降らせる？
- 防災上注意が必要なことは？　など

災害につながる危険な現象を予想する

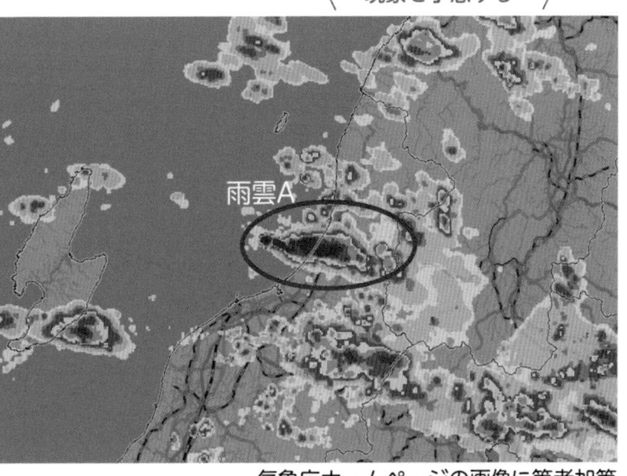

気象庁ホームページの画像に筆者加筆

いろいろな天気図ずかん

どこかに出かける時に地図が必要なのと同じように、天気予報で欠かせないのが天気図です。天気図といえばテレビなどで見かける地上天気図がおなじみですが、じつはたくさんの種類があって、気象予報士はその中から必要な情報を見つけ、天気を読み解いています。ここではその一部を紹介します。

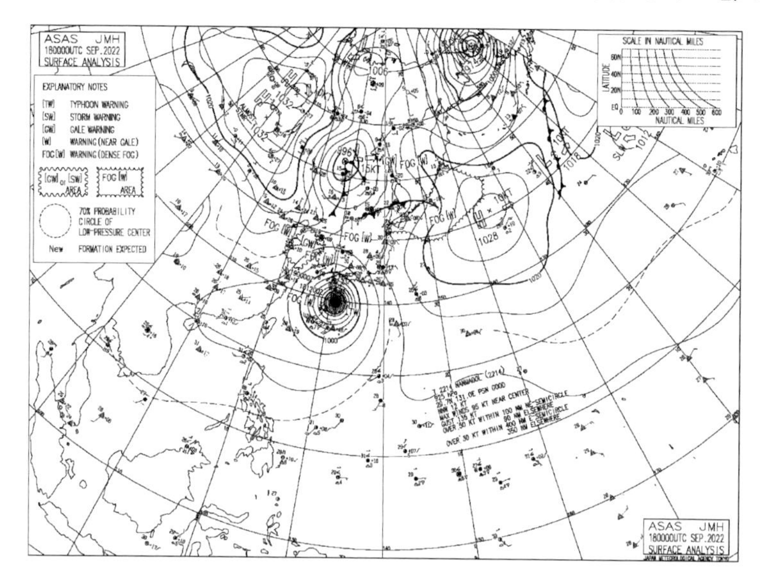

船や飛行機の安全などいろいろな目的で使われる国際基準の地上天気図！

ASAS（アジア地上解析）

世界じゅうで使われる、専門家向けの地上天気図。情報量がとても多く、いろいろなことがわかる。

高層天気図

上空の大気の状態を表す天気図を高層天気図といいます。高さごとにつくられていて、その中でよく使われるのは高度1500m付近、3000m付近、5700m付近、9600m付近の天気図です。

高度1500m付近の大気の状態がわかる

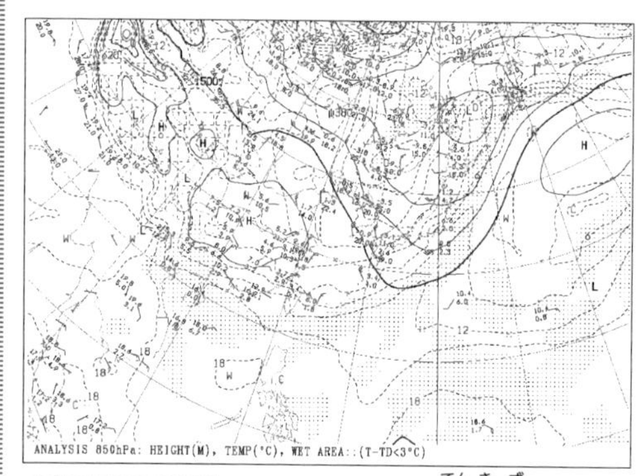

AUPQ78（アジア850hPa天気図）

高度5700m付近の大気の状態がわかる

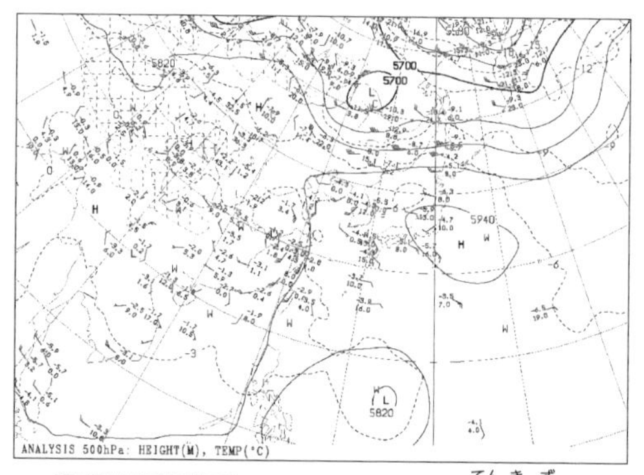

AUPQ35（アジア500hPa天気図）

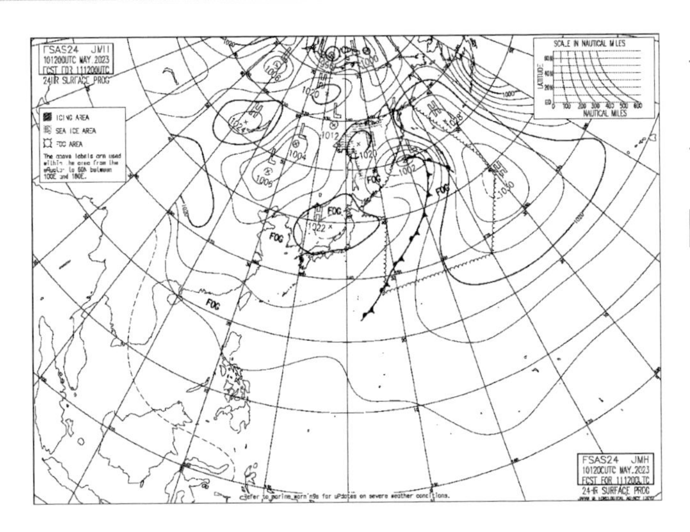

24時間後の予想天気図

FSAS24（海上悪天予想図）

未来の状態を予想してつくられた天気図を予想天気図という。これは24時間後の地上天気図を予想したもので、「明日の予想天気図」としてテレビにも登場することがある。

数値予報天気図

現代の天気予報はスーパーコンピュータで未来の状態を計算してつくられています（数値予報）。その計算結果を表した天気図を数値予報天気図といい、これにもたくさんの種類があります。

24時間後における、高度1500m付近の気温と風、それから高度3000m付近の上昇気流の状況を予想した図

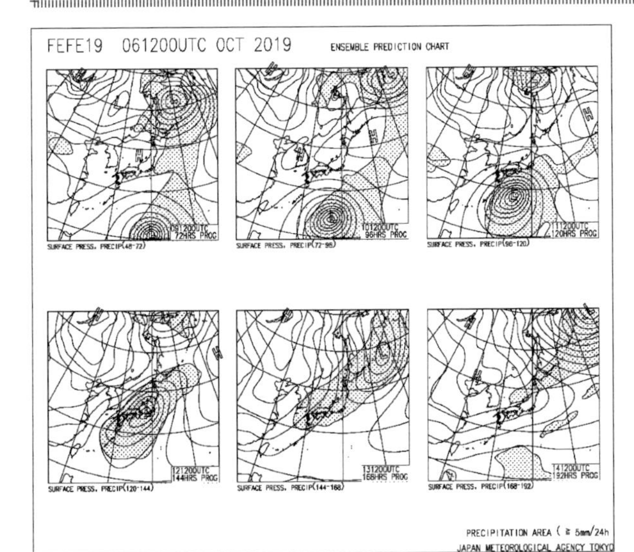

FEFE19（週間アンサンブル予想図）

週間天気予報には、それ専用の天気図がある。これはその中のひとつで、8日先までの地上天気図と雨が予想される場所を表したもの。

週間天気予報に使われる天気図のひとつ

天気図はすべて気象庁提供

気象予報士のお仕事インタビュー 1

山の天気予報 山の安全を守る 株式会社ヤマテン

お話をうかがった人 猪熊隆之さん

株式会社ヤマテン代表取締役。国内外のさまざまな山にみずから登り、その経験から得られた知識をもとに、山岳気象予報士として、登山現場の第一線で活躍中。

小さいころから天気図に興味があり、また気象観測データをながめていろいろ考えるのが好きだったそう。

大学時代は山岳部に所属。しかし登山中の大けががもとで慢性骨髄炎に。このころから、「まだ山の天気予報がないからそれをやりたい」と思いはじめ、気象予報士の資格を取る。最初は気象予報士スクールの講師をつとめていたが、2011年に独立して今の会社を立ち上げた。

おもな仕事内容を教えてください。

株式会社ヤマテンは山岳専門の気象予報会社、つまり「山の天気予報」を提供する会社です。登山する人の安全を守るため、全国330の山の２日先までの予報（天気、気温、風など）や、山の危険（雷、突風、寒さなど）などの情報をお伝えしています。中でも62の山は「スペシャル予報」として、気象予報士の細かい解説つきです。

そのほかテレビ・映画、消防など、お仕事として行う登山のサポートもしています。

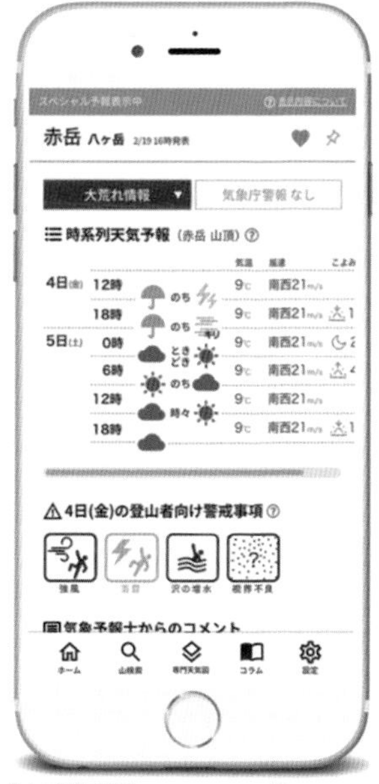

全国330の山について、くわしい気象情報がスマホで見られる。（62の山はさらにくわしく）

ほかにも行っているお仕事はありますか？

山の天気は、平地とはまったくちがうため、専門的な知識が必要です。そこで登山者向けに山の天気や注意すべきことを伝える講習会を開いています。また天気に興味をもってもらえるよう『空の百名山』など楽しいコラムも配信しています。

そのほか、スキー場が人工雪をつくるために必要な気温を予測したり、道路の除雪業者向けの予報を作成したりする仕事もうけ負っています。

空の百名山（http://sora100.net/）
山で見られる雲や空に関する情報を見ることができる。

p16 ～ p17の画像（写真や画面スクリーンショット）はすべて株式会社ヤマテン提供
ここに書かれている内容は2024年2月時点のものです。

こだわっていることがあれば教えてください。

山の天気は、山ごとにちがいます。そのため実際に登山して、自分の目で見て、山の天気を学んでいます。

登山者が「きちんとした情報」をもとに、「正しく判断できる」環境を提供できるようにいろいろ工夫をしています。このこだわりは、気象による遭難事故をゼロにしたいという思いがあるからです。

やりがいを感じたできごとはありますか？

講習会などで、参加者からよい反応をいただいた時は、やりがいを感じます。

またロケや撮影のサポートをする時は、現地の報告から「登山隊の息づかい」を感じます。とてもむずかしい判断が必要なことも多く、プレッシャーもかなりありますが、その分、目的を無事に達成できた時の喜びも大きくなります。

雪山での講習会の様子。

大変だったできごとはありますか？

海外ロケのサポートは大変です。天気予報がむずかしい上に、そこに行くまでが大変で、かんたんに撮影できない場所も多いため、失敗が許されないからです。うまくいった時の達成感はたまらないですが、それまでのプレッシャーと緊張感はものすごいものがあります。

また撮影の場合、「登山自体はできるけど絶景は撮れない」という天気が何日も続いてしまうこともあって、そういう時のサポートはものすごく気をつかいます。

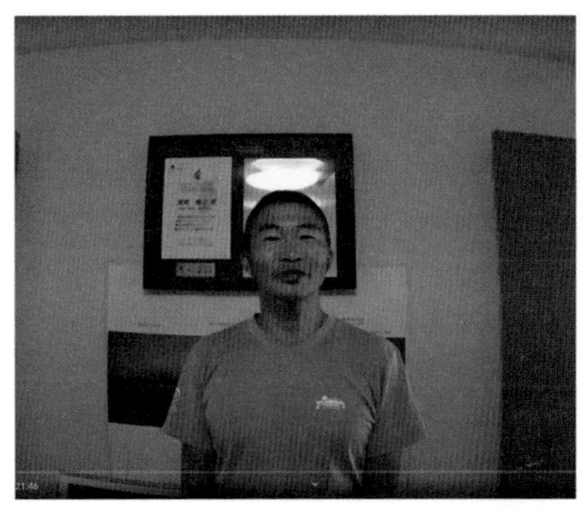

公式YouTubeチャンネルより

夢ややりたいことはありますか？

やりたいことはたくさんあります。

そのひとつが予報アンドクライム（天気予報しながら登山）です。全国の山に登りつつ、そこから天気予報を配信してみたいです。その際に地域の人とお天気談義なんていいですね。

未来への課題として、子どもたちが自分で考え、自由にチャレンジできる環境を整えたいですね。今の社会がもたらす環境への負荷も、わたしたちの世代で変えていきたいです。

公式YouTubeチャンネルでも、登山に必要な天気図の見かたなどの情報を発信している。

これから登山を始める人に伝えたいことはありますか？

スポーツは失敗が次の成功につながりますが、登山の場合、１回の失敗が命取りになります。そこでふだんから野山でたくさん遊び、小さな経験を積んで、身のまわりの危険に気づけるようになってほしいです。

p18～p19の画像（写真や画面スクリーンショット）はすべて株式会社ヤマテン提供
ここに書かれている内容は2024年2月時点のものです。

学校の勉強も役に立つ！

学校の勉強で学ぶことは、すべての知識を支える基本中の基本です。もちろん気象予報士に必要な知識も、学校の勉強が土台になっています。

また気象予報士に必要な知識は気象だけではありません。一見関係なさそうな教科もいろいろ役に立つものです。気象予報士として活躍するためにも、いろいろな教科の知識を幅広く身につけていきましょう。

算数

雲ができ、雨が降る……当たり前のようですが、そのしくみはとても複雑です。この複雑な気象のしくみを解き明かす「大切な道具」として欠かせないのが算数や数学です。また現代の天気予報は、複雑な数式を解き、未来の数値を計算する方法が使われています。学校で学ぶ算数・数学は、気象を考える上で必要な「基本中の基本」。しっかりマスターしておきましょう。

算数はこんなことに役立つ！

算数・数学は気象のしくみを解き明かす欠かせない大切な道具。たくさんの数式や図形の知識が使われている。

たとえば……

風の吹きかたを考える時

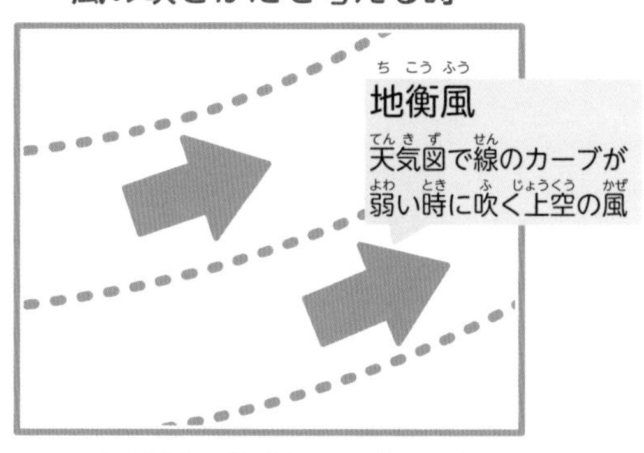

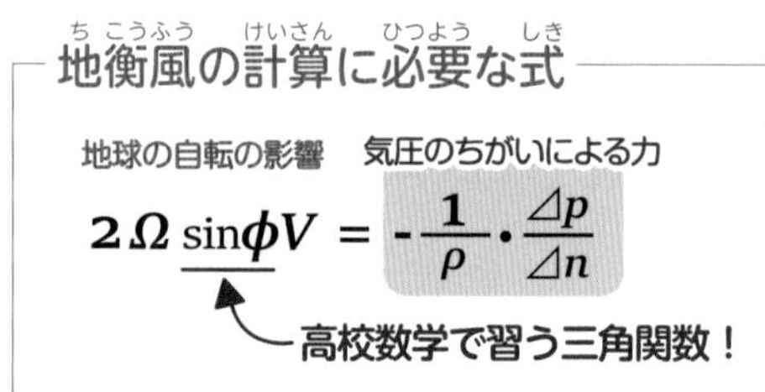

たとえば……

天気予報がどのくらい当たっているか調べる

自分の天気予報がちゃんと当たっているのかを検証する方法にも数学が使われています。いくつかの方法があり、適中率、見逃し率、空振り率もそのひとつです。それぞれの数字にはどういう意味があるのか考えてみましょう。

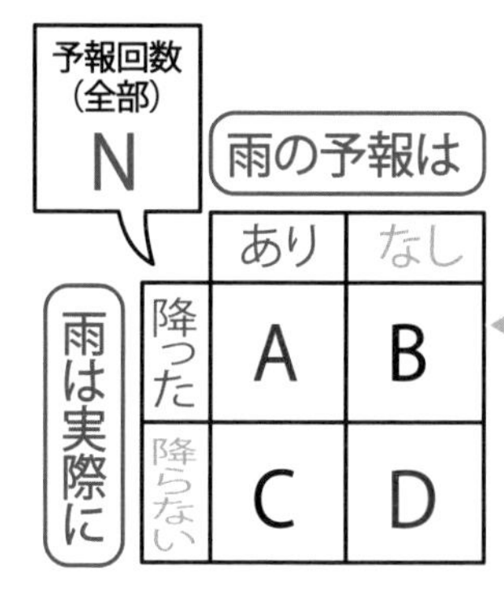

予報回数（全部）N

雨は実際に ＼ 雨の予報は	あり	なし
降った	A	B
降らない	C	D

当たり具合を数値で示すには…

適中率（%）$= \frac{A+D}{N} \times 100$

見逃し率（%）$= \frac{B}{N} \times 100$

空振り率（%）$= \frac{C}{N} \times 100$

などなど…

国語

気象予報士にとって、天気予報や防災に関する情報を、正確にわかりやすく伝えるのは大切な仕事のひとつです。国語の勉強は、正確でわかりやすい文章をつくるコツを身につけるために役立ちます。

国語はこんなことに役立つ！

- 気象予報士にとって、わかりやすく正確に伝える技術はとても大切。
- 今どうなっているのか、今後どんな天気が予想されるのか、情報をもとに自分の言葉でまとめる時、文章づくりのコツが役立つ。

などなどほかにもたくさん！

たとえば……

テレビのお天気コーナーで3枚の画面を使って説明！

どういう文章を組み立てる？

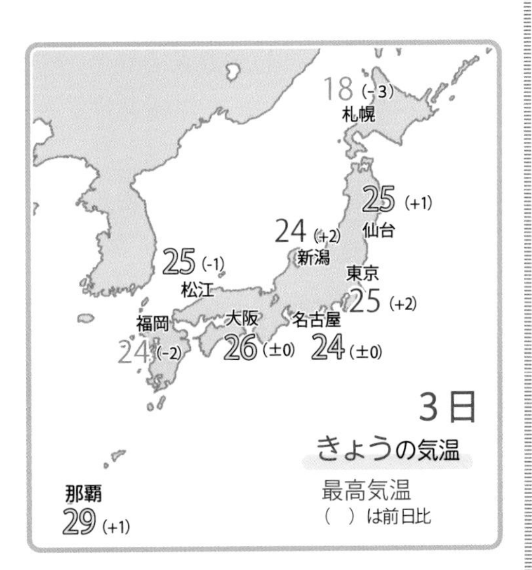

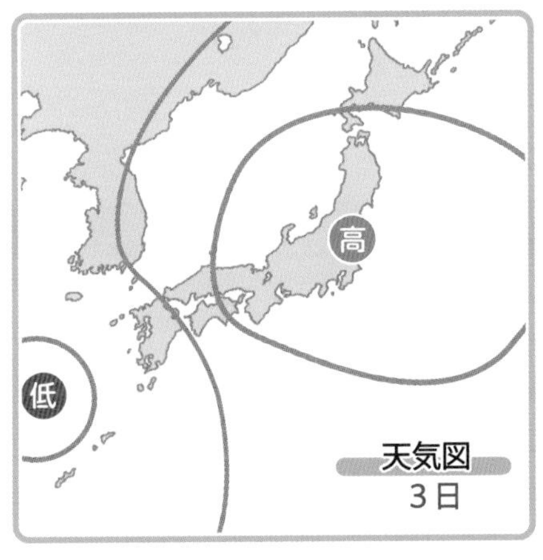

天気予報原稿の例

日本付近は広く高気圧におおわれています。今日は全国的に晴れるところが多いでしょう。ただ西から低気圧が近づいてきているため、九州や沖縄は雲が多く、西日本も少しずつ雲が増えてくる見こみです。

日中の最高気温は昨日とだいたい同じくらい、25℃前後のところが多くなりそうです。

社会科

天気図などの資料はほとんどが地図をもとにしています。また天気予報を出すのに、国内の地名と位置関係を知らないと大変です。そのため地図の知識は絶対に必要です。

また山など地形は、地域の天気にも大きな影響をあたえるため、知っているとより正確な予報ができます。

それから人々の生活や産業は、その地域の天候と密接に関係しています。地域社会や産業についても頭に入れておきましょう。

社会科はこんなことに役立つ！

- 天気図や防災気象情報、レーダーなど、「地図」を使った資料が多い。
- 都道府県、地方、都市の名前や位置関係は、天気予報をする上で欠かせない。
- 地形（山や湖など）は、その地域の天気に大きな影響をあたえるので知っておきたい。
- 天候を活かした産業のことをいろいろ知っておくと、仕事の上で役に立つ。

などなどほかにもたくさん！

天気予報で使われる地方名

天気予報でよく耳にする「○○地方」。その分け方はこの地図のとおりです。自分の住んでいる都道府県がどの地方なのか確認してみましょう。

国土地理院地図に筆者加筆

天気予報に限らず、いろいろなところで「○○地方」という分け方が使われますが、業界によってその分け方が少しちがいます。たとえば天気予報の世界では、山口県は中国地方ではなく、九州地方になります。

●天気予報で使われる地名など

天気図中にある低気圧や台風などの位置を示すのに、日本列島とその周辺にある地名などがよく使われます。おもなものについて位置関係を頭に入れておくと、気象情報を耳にした時、パッとイメージしやすくなります。気象情報に使われる地名はたくさんありますが、その中でも特に耳にする機会の多いものを以下の地図にまとめてみました。

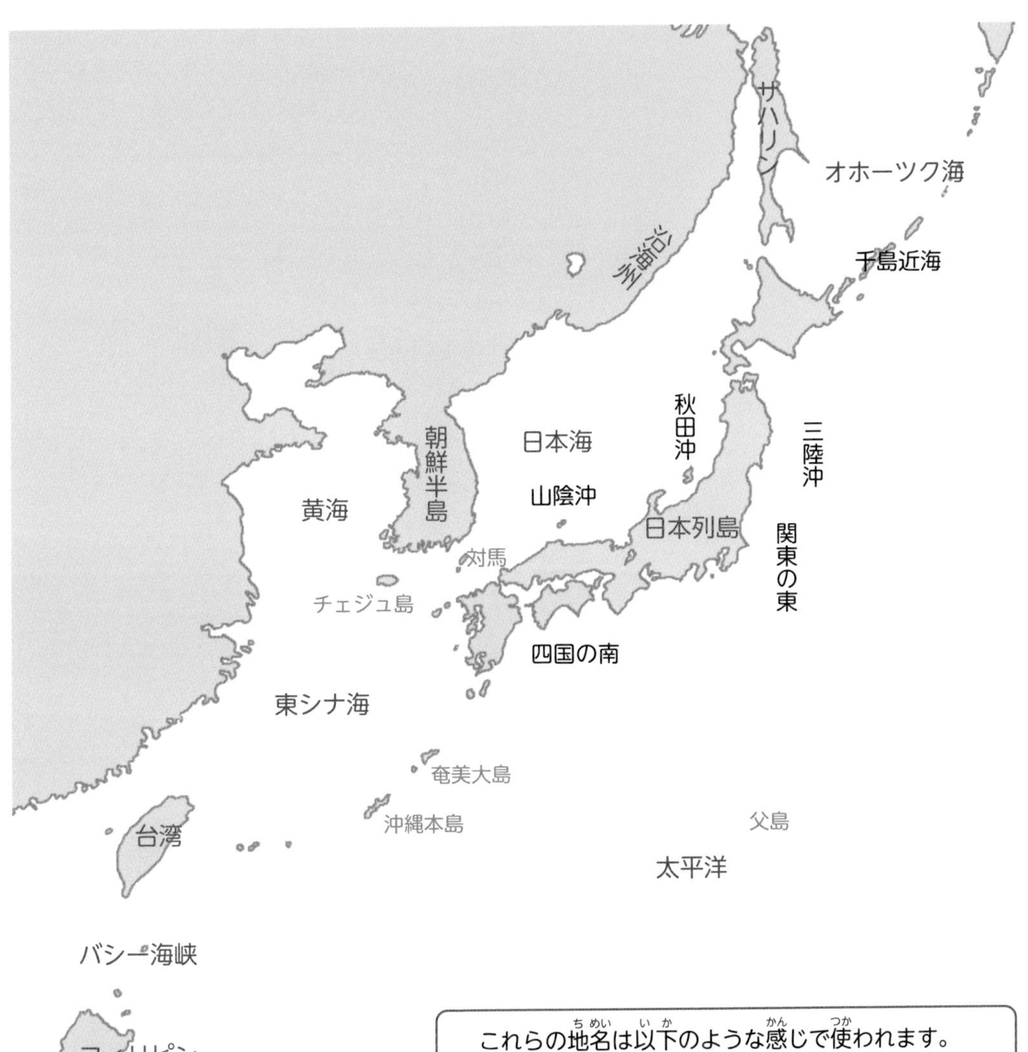

これらの地名は以下のような感じで使われます。
（例）東シナ海にある低気圧が……
（例）台風○○号は父島の東にあり……
（例）高気圧の中心は明日になると三陸沖へとぬけ……

英語

気象に限らず、多くの研究論文は英語で書かれています。また世界気象機関などの国際機関が発表する情報もほとんどが英語で書かれています。英語をきちんと学ぶことで、国際基準の最先端の知識をいち早く手に入れることができます。また日本にいる外国人向けに、天気予報や防災気象情報を伝えられるようになります。

英語はこんなことに役立つ！

- 気象予報士が使う天気図は、世界じゅうで使うものだから英語で書かれている。
- 日本にいる外国人向けに、天気予報や防災情報を伝えることができる。
- 英語で書かれた論文が読めると、最新の気象の知識をくわしく知ることができる。

などなどほかにもたくさん！

天気予報や気象情報の言葉、英語で何ていう？

日本語	英　語	日本語	英　語
晴れ	clear ※sunnyでもよい	注意報	advisory
曇	cloudy	警報	warning
曇時々雨	cloudy, sometimes rainy	特別警報	emergency warning
雨のち晴れ	rainy, clear later	大雨／大雪	heavy rain / heavy snow
天気予報	weather forecast	強風／暴風	gale / storm
週間天気予報	one-week forecast	洪水	flood
降水確率	probability of precipitation	土砂災害	landslide
最高気温	maximum temperature	濃霧	dense fog
最低気温	minimum temperature	熱中症警戒アラート	heat stroke alert
天気図	weather map	台風情報	tropical cyclone information

※この表の英語の書き表しかたは一例です。異なる表現方法が複数存在する言葉もありますので、いろいろ調べてみましょう。

大気現象を英語でいってみよう

あられや霧、雷、虹など、気象に関する現象も、みんな英語で書き表すことができます。ここで取り上げたもの以外にも、気象に関する現象にはたくさんの種類があります。いろいろな現象について、それぞれ英語で何というのか調べてみるとおもしろい発見があるかもしれませんね。

ほかにもこんなことが役に立つかも……

気象予報士として活躍するために役に立つかもしれない知識の一例を紹介します。気象だけではなく、さまざまな分野の知識を身につけ、それらを組み合わせることで、活躍の幅は大きく広がっていきます。

●季節・こよみの知識

日本の四季、二十四節気、季節の行事などは知っておきたい。

●くらしの知識

人びとのくらしの基本である「衣食住」は天気との関わりも深い。

●地質・地形の知識

地質や地形をくわしく知ることで、その地域で起こりやすい気象災害がわかる。

●歴史の知識

歴史上のできごとに天気が深く関係するものも多い。また過去の災害から学ぶことも多い。

●プログラミングの知識

天気予報を作成して配信するためには、プログラミングの知識が欠かせない。

●イラスト・デザインの知識

イラストやデザインの知識があると、わかりやすい天気予報画面をつくれる。

天気と人のいろいろなつながり

天気はわたしたちの生活や仕事のありとあらゆる分野とつながっています。

めずらしい現象・美しい現象が見られる地域は観光スポットになっています。また雪の多い地域はスノースポーツがさかんで、雪を活かした産業も発展しています。スーパーなどのお店は天気によって売れるものが変わるため、それを考えながら商品の仕入れを行います。一方で交通機関（道路や鉄道、航空など）のように、安全を守るために天気を見る必要がある分野もあります。

この図で紹介したもののほかにも、いろいろな分野とつながっているよ。みんなも考えてみよう！

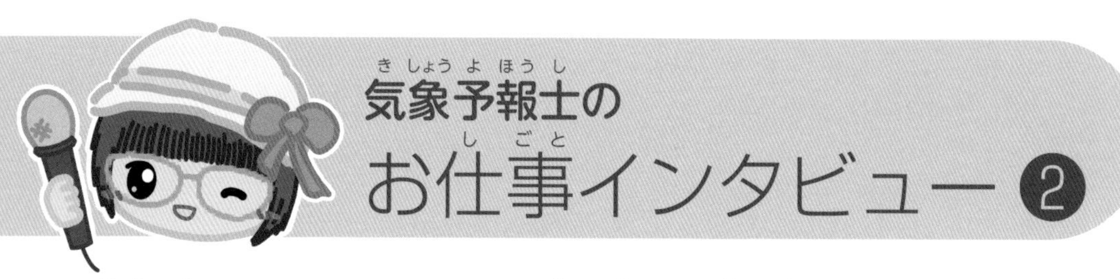

お天気ニュースの記事を配信

一般財団法人 日本気象協会

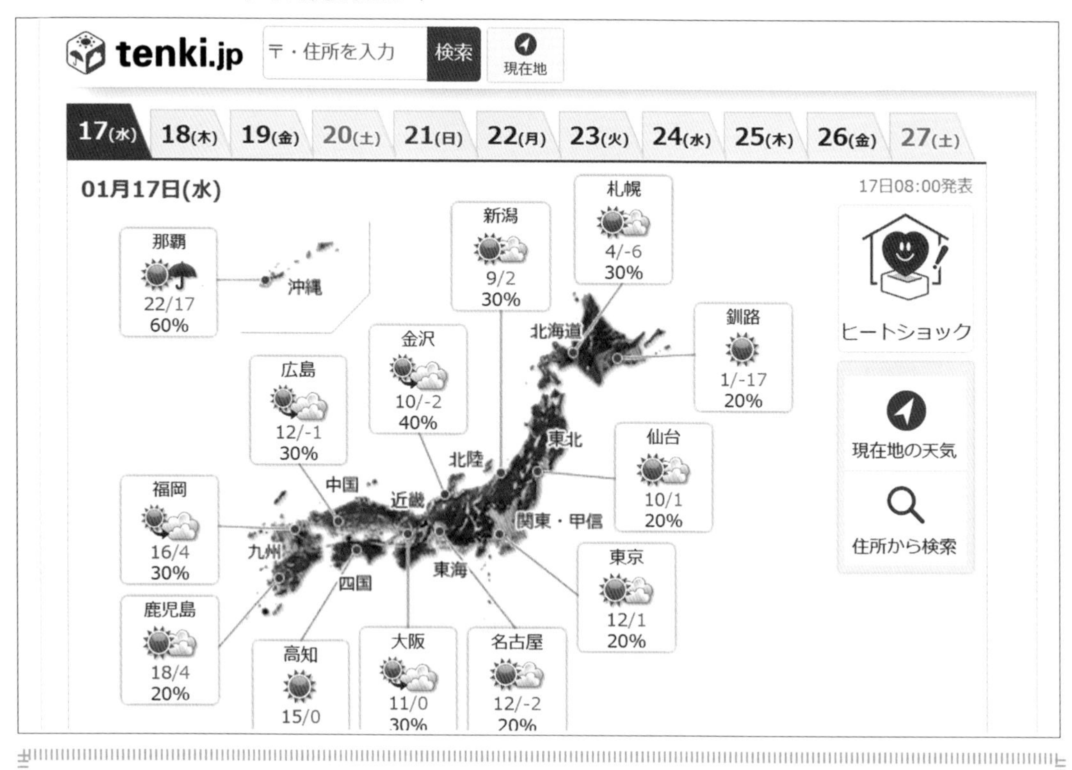

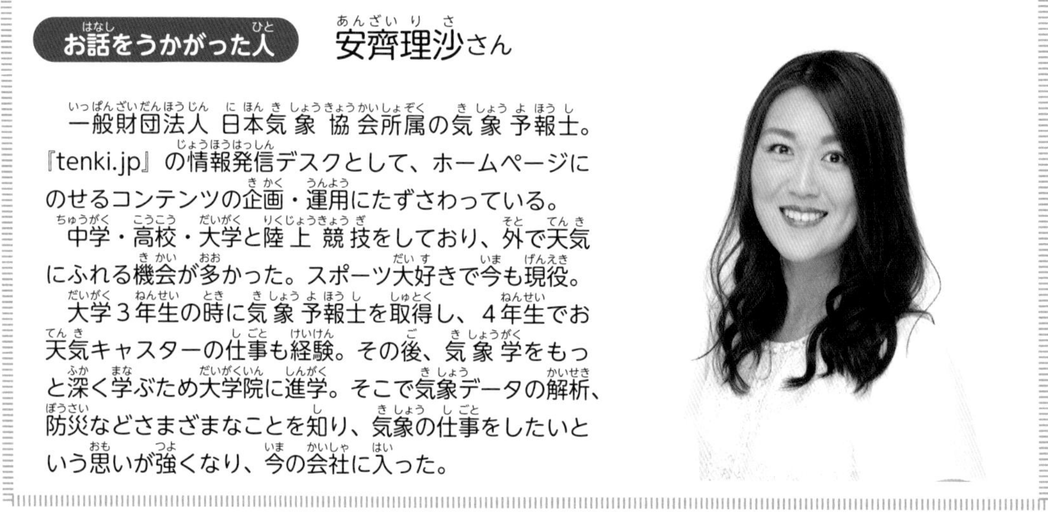

お話をうかがった人 安齊理沙さん

一般財団法人 日本気象協会所属の気象予報士。『tenki.jp』の情報発信デスクとして、ホームページにのせるコンテンツの企画・運用にたずさわっている。

中学・高校・大学と陸上競技をしており、外で天気にふれる機会が多かった。スポーツ大好きで今も現役。

大学３年生の時に気象予報士を取得し、４年生でお天気キャスターの仕事も経験。その後、気象学をもっと深く学ぶため大学院に進学。そこで気象データの解析、防災などさまざまなことを知り、気象の仕事をしたいという思いが強くなり、今の会社に入った。

おもな仕事内容を教えてください。

「情報発信」のお仕事として、天気予報専門のネットメディア『tenki.jp』の運用にたずさわっています。『tenki.jp』はホームページやアプリの形で提供されていて、天気予報のほか、天気に関するさまざまなニュース記事の配信を行っています。自分で記事を書いたり動画に出演したりすることもありますが、情報発信デスクとして、のせる記事の企画やチェック、さまざまな仕事の取りまとめ役などをしています。

記事はどのようにつくっているのですか?

まずは記事にするネタを探します。社内の天気予報に関する資料、気象庁からの情報、SNSなどで話題になっていること、アンケートなど、たくさんの情報の中から、記事にする内容を決めます。それをもとに原稿を書き、記事に必要な画像をつくります。原稿と画像ができたら、最後に内容をしっかりチェックして配信します。天気のニュースは鮮度が命。正確な情報を、少しでも早く発信する必要があります。

記事づくりの様子。記事は公式ホームページ（https://tenki.jp/）で公開されている。

ニュース記事配信までの流れ

1. ネタ探し
   - ●社内の予報資料
   - ●気象庁の情報
   - ●SNSなどのトレンド
   - ●アンケートなど
2. 記事づくり
   - 「正確性・話題性・速報性」を大切にし、災害時は「次の行動にうつせる記事」を意識して執筆する

3. 社内チェック
   - 内容を確認して、必要があれば修正する

4. 記事を配信

天気のネタは鮮度が命、1時間以内で行うようにする

p28～p29の写真や画面スクリーンショットはすべて一般財団法人 日本気象協会提供

こだわっていることがあれば教えてください。

何といっても「正確性・話題性・速報性」の3点です。内容にまちがいがないよう、入念にチェックをしています。またユーザーの関心がある情報をお届けできるよう、世の中のトレンドをしっかり調べるようにしています。そして天気のニュースは、すばやさも重要です。少しでも早くお届けできるよう、がんばっています。

また災害に関わる話題を取りあつかう時は、ただ不安をあおるだけの記事にならないように気をつけています。災害から身を守るために必要な情報をしっかり伝え、「次の行動につなげられる内容」となるように心がけています。

特におススメの記事はありますか？

わたしが執筆した記事の中でのイチオシは2021年12月20日に配信した『あなたは冬が好きですか？　雪や寒さの厳しい地域での生活は？　全国の地域差を解説』です。冬に関するイメージ、雪や寒さへの備えなどについて、全国におすまいの3000人にアンケートを取り、それを取りまとめた記事です。アンケートの結果は、住んでいる地域によって大きくちがいが出て、とても興味深いものになりました。

ほかにもおススメ記事はたくさんあるので、ぜひ読んでいただけるとうれしいです。

安齊さんおススメの記事。『あなたは冬が好きですか？　雪や寒さの厳しい地域での生活は？　全国の地域差を解説』

【記事アドレス】

https://tenki.jp/forecaster/r_anzai/2021/12/20/15349.html

※2024年1月現在。アドレスは変わることがあります。

やりがいを感じたできごとはありますか？

2019年に日本列島をおそった台風19号（令和元年東日本台風）の対応です。全国からの「日直予報士」の記事を取りまとめ、わたし自身、「行動にうつすための記事」として『台風19号 今やるべき台風への備え』というテーマで緊急に執筆・発信を行いました。当時、検索サイトでトップ記事となり、多くのユーザーの目にとまりました。今必要な情報をタイムリーにすばやくお届けできたと感じた瞬間でした。

2019年の台風19号接近時に配信した『台風19号 今やるべき台風への備え』の一部。

夢ややりたいことはありますか？

『tenki.jp』のユーザーのみなさんと気象についてリアルタイムでやり取りしながら、交流を深めてみたいです。天気はわたしたちの生活にも密接に関わるので、上手につき合っていくためのお手伝いをしたいです。また天気予報や防災に関することだけではなく、ワクワクするような現象もたくさんあるということを多くの人に知ってもらいたいです。

「酷暑日」と「超熱帯夜」新語を提案！

夏の暑さを表す言葉として、最高気温40℃以上の日を「酷暑日」、最低気温30℃以上の日を「超熱帯夜」と呼んだらどうか、と新しい言葉を提案しました。猛暑の時に注意を呼びかけるために社内でアンケートを取り、発表したものです。この新しい言葉も話題になりました。

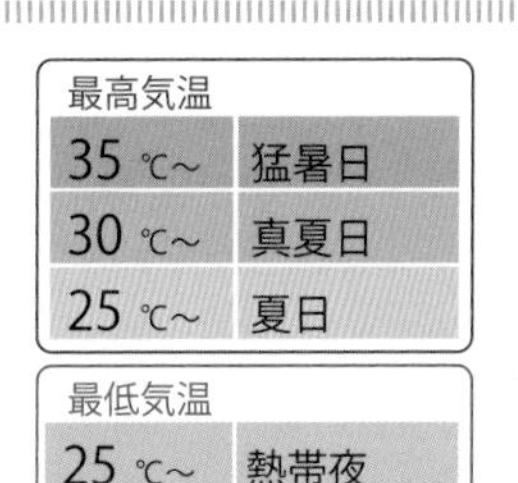

最高気温	
35 ℃～	猛暑日
30 ℃～	真夏日
25 ℃～	夏日

最低気温	
25 ℃～	熱帯夜

最高気温40℃以上、最低気温30℃以上を表す言葉はない。

※「酷暑日」「超熱帯夜」は一般財団法人 日本気象協会が独自でつけたもので、気象庁が定めたものではありません。

p30～p31の画像（写真や画面スクリーンショット）はすべて一般財団法人 日本気象協会提供

第2章 天気予報のはなし

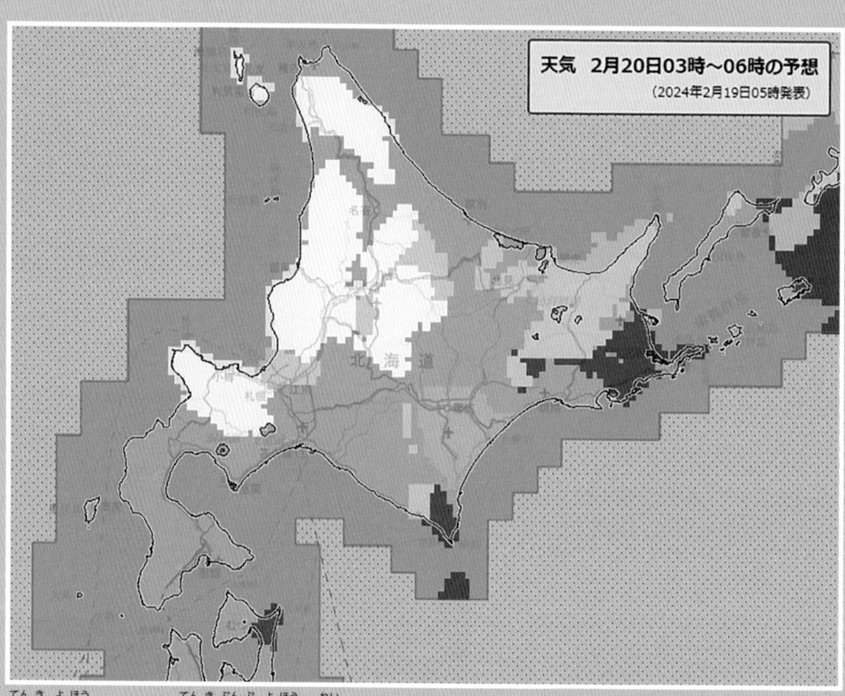

天気予報のひとつ、天気分布予報の例。（気象庁提供）

気象予報士の仕事を語る上で、
切っても切り離せないのが天気予報です。
天気予報はどのようにしてつくられ、
またどのような種類があるのでしょうか。
それから天気予報はたまにはずれることがあるけど、
それはどうしてなのでしょうか。
第２章は、天気予報のキホンを学んでいきたいと思います。

気象観測に使われている施設の例。左は気象レーダー、右はアメダス観測点。

天気予報ができるまで

キーワードは数値予報

現代の天気予報は、スーパーコンピュータによって未来の大気の状態を計算する、「数値予報」という技術によって支えられています。

まずスーパーコンピュータの中に、仮想の地球を再現した「数値予報モデル」というものをつくります。この数値予報モデルの中に、気象観測によって得られたデータを当てはめて、それが今後どのように変化していくのか計算（シミュレーション）します。

気象庁の予報官や気象予報士は、数値予報の計算結果と今の気象状況など、さまざまな資料を総合的に判断して、天気予報を作成しています。

天気予報に使われるスーパーコンピュータ。
（写真は気象庁提供）

コンピュータの中に地球を再現

数値予報モデルでは、太陽と地球の光のやり取り、海や地面の状態、雲やそこから降る雨・雪、積もっている雪などの状態などを再現しています。しかし100%同じように再現するのは不可能なので、少しでも実際に近い形になるよう、さまざまな工夫が行われています。

数値予報モデルで再現する内容例

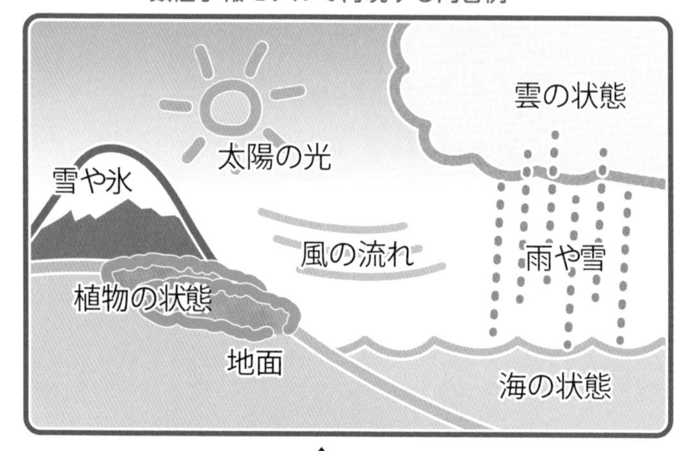

数値予報モデルの中にある「仮想の地球」は、さまざまな自然の法則をもとにつくられた数式の組み合わせ。この数式を計算して未来の状態を予想しているよ。

気象観測データを集める

アメダスやレーダー、気象衛星などを使って、さまざまな観測データが集められる。

おかしなデータがないかチェック！

スーパーコンピュータで計算できるような形にデータを整える

スーパーコンピュータで未来の天気を計算

観測データをもとに、スーパーコンピュータで未来の天気を計算する。計算結果はそのままだとただの数字の集まりなので、人が見てわかる形にして書き出される。

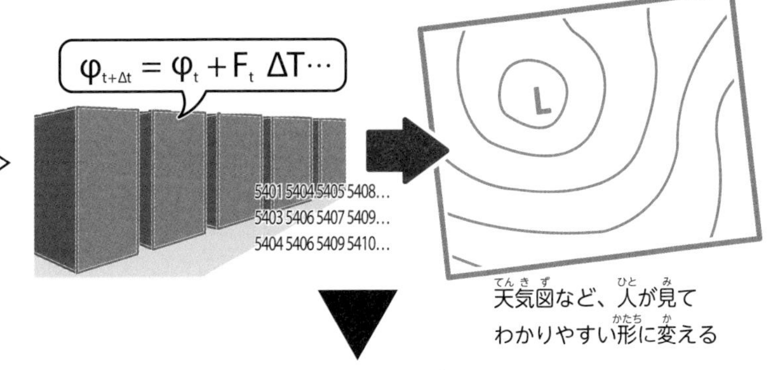

天気図など、人が見てわかりやすい形に変える

計算結果をもとに天気予報などを作成

スーパーコンピュータの計算結果などを参考にしながら、天気予報が組み立てられる。

昔の天気予報・観天望気

今のような天気予報が行われるようになったのは、この数十年くらいの間のことです。昔は雲や空、風、身のまわりのさまざまなものの変化から天気の変化を予想していました。これを観天望気といい、今でもことわざの形で残されています。

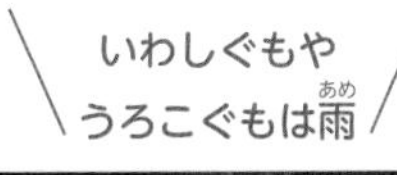

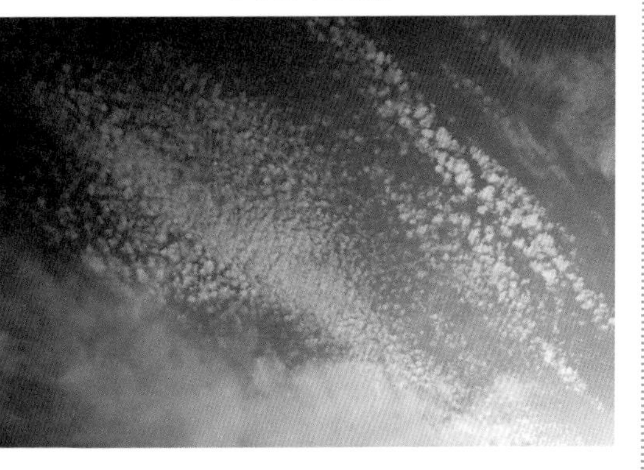

巻積雲（いわしぐも・うろこぐも）は、低気圧が近づく時に出やすい雲で、雨の前ぶれとして知られる。

天気予報、なぜはずれるの？

キーワードは「誤差」

天気予報はたまにはずれることがあります。また天気予報が7日先までなのは、あまり先の予報がほとんど当たらないからです。これはどうしてでしょうか？

じつは大気には、「誤差（数値のズレ）」が時間とともに大きくなるという性質があります。最初の誤差がほんのわずかでも、予報の時間が長くなるほどに誤差がどんどん広がって、現実とはかけ離れたものになってしまいます。この性質は天気予報にとって「越えられない壁」です。誤差を少しでも小さくすることはできても、0にすることはできないからです。

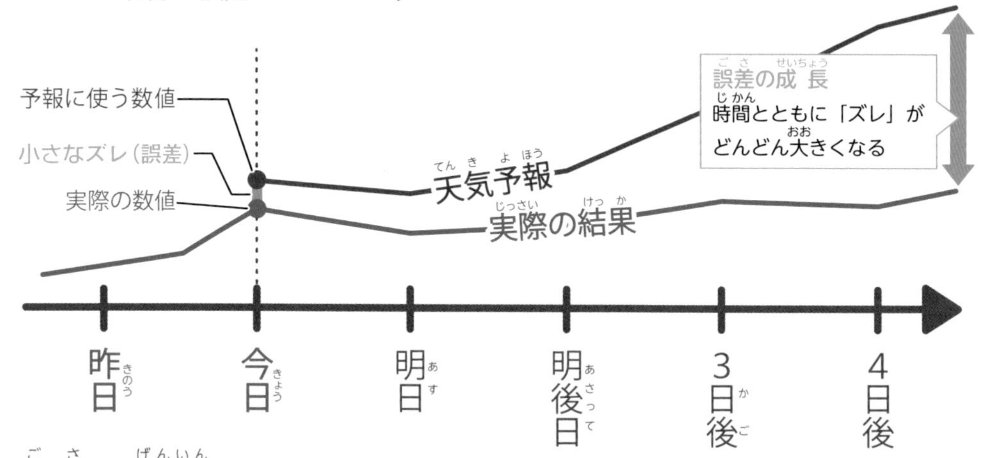

誤差の原因は？

誤差は気象観測と数値予報の計算、それぞれの段階で発生します。まず気象観測では、測定するのが自然現象なので、実際の数値と、観測値の間にはどうしても「小さな誤差」が出てしまいます。また地球全体をくまなく一瞬たりとのがさず観測するのは不可能で、どうしても観測のすきまは出てしまいます。

また数値予報モデル自体も、100%完ぺきに再現したものではないので、実際の地球との間に誤差があります。

●観測機器の限界

どんなによい機材で観測しても、どうしてもわずかな誤差は残る。

●観測場所の限界

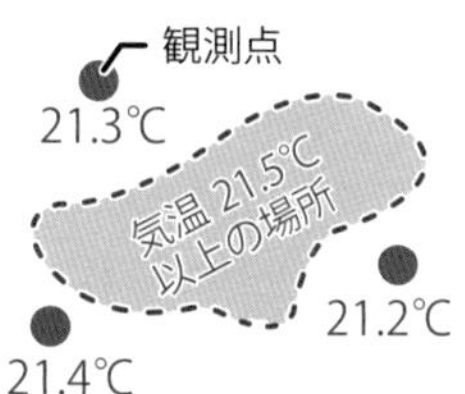

観測点と観測点の間の部分はデータが取れない。

●観測時間の限界

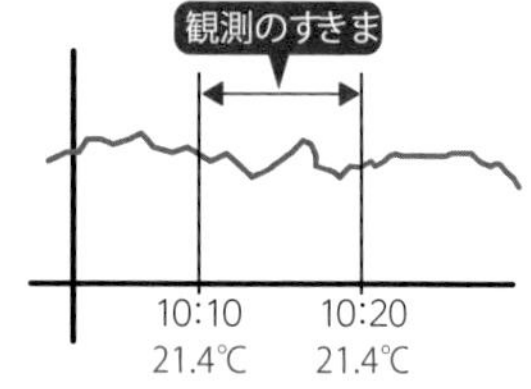

観測時間と観測時間の間はデータが取れない。

●シミュレーションの限界

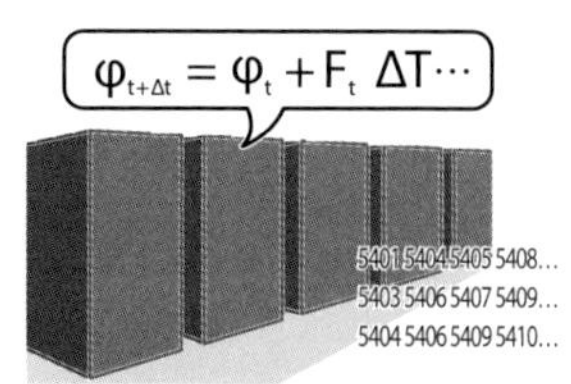

100%完ぺきな地球を再現することはできない。

天気予報の種類と見かた

多くの人が天気予報と聞いて、真っ先に思い浮かべるのは、今日・明日・あさっての天気予報だと思います。しかし天気予報にもさまざまな種類があり、中には1か月、3か月先といった長い期間について予報したものもあります。ここではおもな天気予報の種類と、その見かたについて紹介していきます。

今日明日あさっての天気予報

東京地方の天気予報（明後日までの詳細）										
2024年01月03日11時　気象庁　発表										
日付		今日 03日(水)				明日 04日(木)				明後日 05日(金)
東京地方	天気	くもり　夜　雨				くもり　昼前　から　晴れ　所により　未明　雨				晴れ　時々　くもり
	風	南の風				北の風　日中　北西の風　23区西部　では　北西の風　やや強く				北の風　後　南の風
	波	0.5メートル				0.5メートル　後　1.5メートル				0.5メートル
	降水確率(%)	00-06	06-12	12-18	18-24	00-06	06-12	12-18	18-24	
		-	-	10	50	30	0	0	0	
	気温(℃)	朝の最低		日中の最高		朝の最低		日中の最高		
	東京	-		13		6		14		

気象庁ホームページより

今日明日あさっての天気予報は、もっとも目にする機会の多い、おなじみの天気予報です。天気のほかに、風、波、降水確率、気温（最高気温・最低気温）の予想が発表されています。1日3回（午前5時、11時、午後5時）発表され、天気の状況が変わった場合は、そのつど修正されます。気象庁の天気予報は都道府県をいくつかに分けた地域（たとえば埼玉県の場合、北部、南部、秩父地方）ごとですが、民間の気象会社の中には、市区町村など、より細かい予報を発表しているところもあります。

降水確率ってなあに？

降水確率は「1mm以上の雨や雪が降る確率」です。たとえば降水確率30％は、「天気予報を100回行ったら30回は雨の予報が出た」という意味で、かさマークがなくても要注意といえます。なお降水確率は雨や雪の「降りやすさ」を表すもので、「強さ」は関係ありません。

天気分布予報

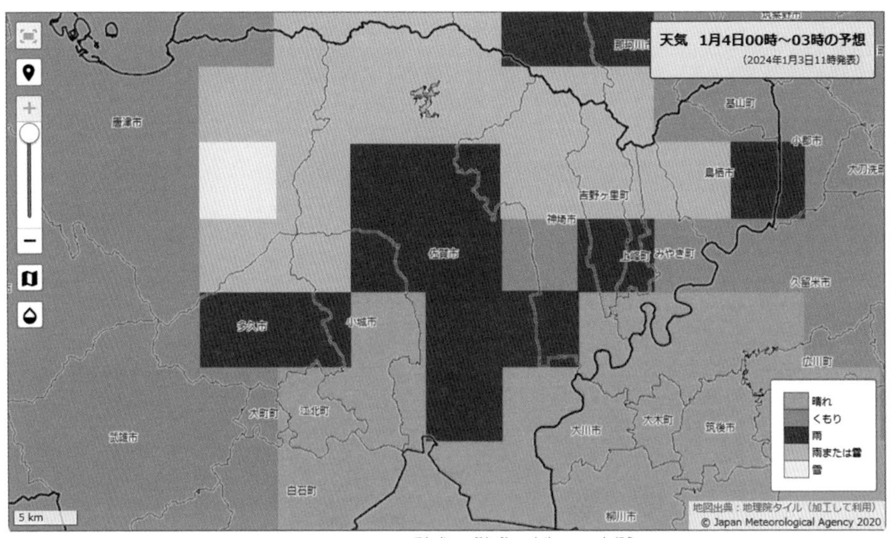

天気の分布を示した予報（気象庁ホームページより）

日本列島を５km×５kmのマスに区切り、マスの中の天気や気温、降水量、降雪量、最低気温・最高気温を予想したものを天気分布予報といいます。地図の形で提供されるので「どこで」というのがひと目でわかるようになっています。

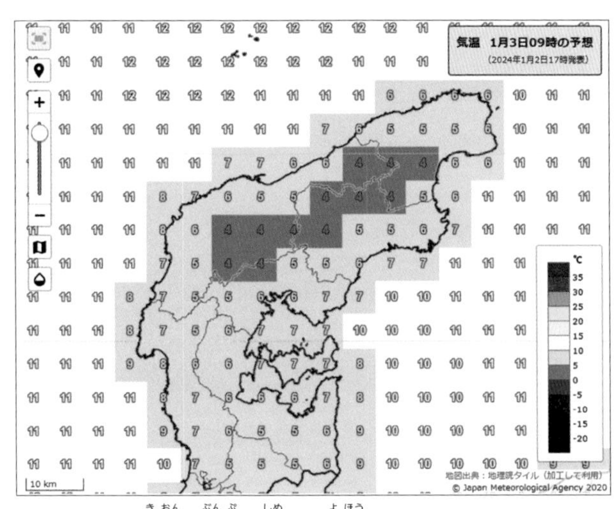

気温の分布を示した予報（気象庁ホームページより）

地域時系列予報

天気や風、気温の予報を３時間ごとに並べて表にしたものを地域時系列予報といいます。天気や風、気温の予想について、「いつ」というのを知ることができます。ただし局地的大雨（いわゆるゲリラ豪雨）が予想されている時は、雨の降る時間は参考程度にします。

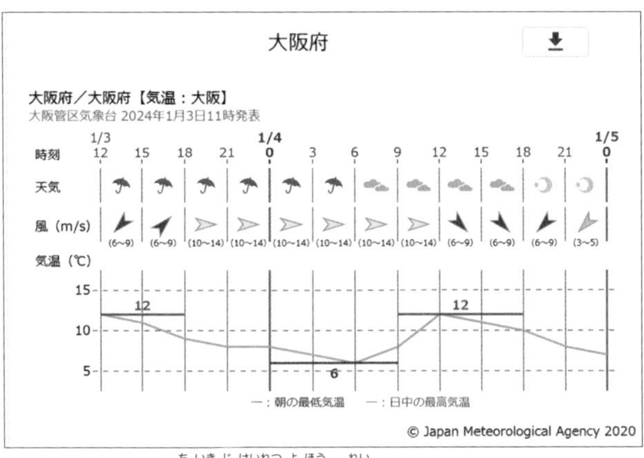

地域時系列予報の例（気象庁ホームページより）

週間天気予報

島根県の天気予報（７日先まで）									
2024年01月03日11時　松江地方気象台　発表									
日付		**今日 03日(水)**	**明日 04日(木)**	**明後日 05日(金)**	**06日(土)**	**07日(日)**	**08日(月)**	**09日(火)**	**10日(水)**
島根県		雨	曇一時雨	曇時々晴	曇	曇一時雪か雨	曇	曇	曇一時雨か雪
降水確率(%)		-/-/90/90	70/40/10/0	30	40	70	40	40	50
信頼度		-	-	-	C	B	B	C	C
松江 気温 (℃)	最高	11	11	14 (12～15)	11 (10～14)	7 (6～10)	9 (6～11)	11 (9～13)	10 (7～13)
	最低	-	6	2 (1～5)	6 (4～7)	3 (1～4)	1 (-1～3)	3 (1～5)	5 (2～6)
			向こう一週間（明日から７日先まで）の平年値						
			降水量の７日間合計			最低気温		最高気温	
松江			平年並 20 - 38mm			1.8℃		8.8℃	

（気象庁ホームページより）

週間天気予報は、７日先（１週間先）までの天気、降水確率、気温（最高気温・最低気温）を予想したものです。１日２回（午前11時と午後５時）、毎日発表されます。予報は、ふつう都道府県ごとに発表されますが、地域によって例外もあります。週間天気予報は後半にいくほど「はずれる確率」が高くなります。そのため後半のほうの予報を利用する時は、１度見て終わりではなく、こまめにチェックするように心がけましょう。

「信頼度」に注目しよう

週間天気予報には、予報の当たりやすさを表す信頼度というランクがつけられています。信頼度Aの予報は当たりやすく、反対に信頼度Cの予報は、大きく変わる可能性があるのでこまめなチェックが必要です。

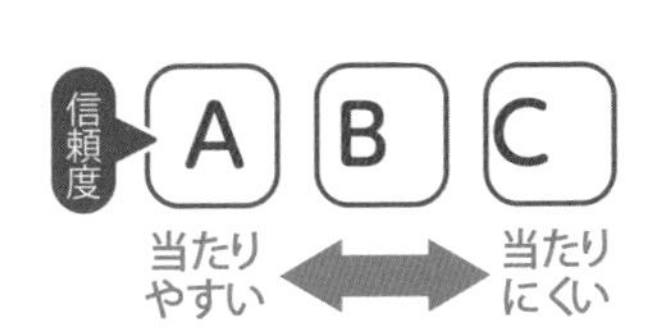

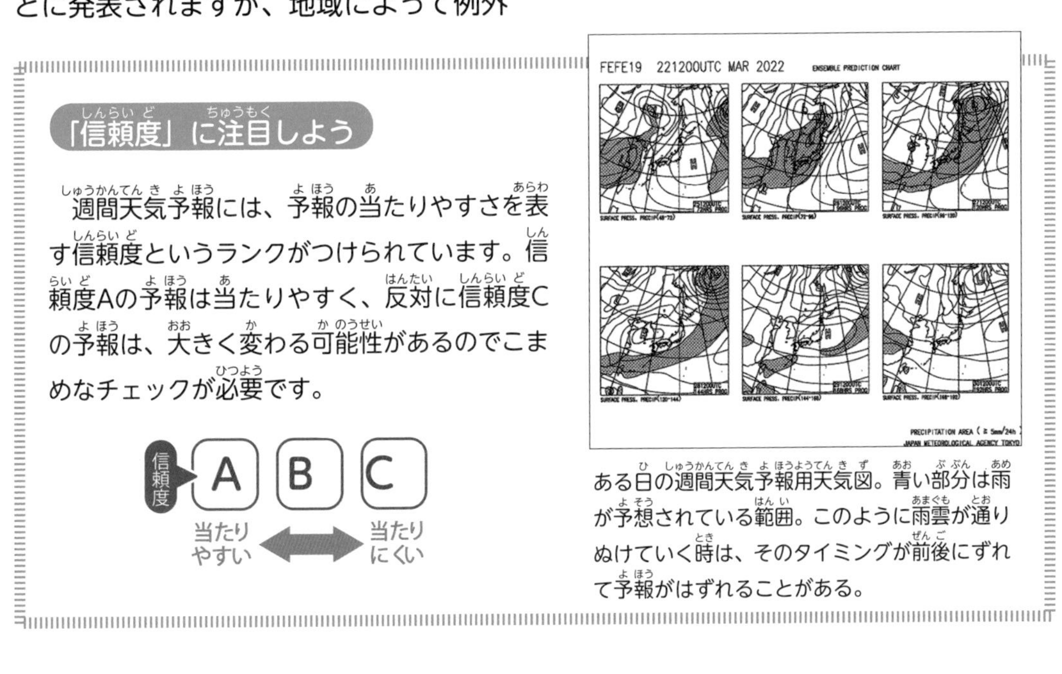

ある日の週間天気予報用天気図。青い部分は雨が予想されている範囲。このように雨雲が通りぬけていく時は、そのタイミングが前後にずれて予報がはずれることがある。

季節予報

1週間（7日）以上先の長期的な天候（気温、降水量など）の見通しを示したものが季節予報で、右の表のような種類があります。季節予報は、気温や降水量などについて、平年より低い（少ない）確率、平年並の確率、平年より高い（多い）確率が数字で示されます。

1か月予報	1か月先までの気温や降水量などの見通し
3か月予報	3か月先までの気温や降水量などの見通し
暖候期予報	夏の暑さや降水量、梅雨の季節の雨の見通し
寒候期予報	冬の寒さや降水量、日本海側の雪の量の見通し

1か月予報（気温）の例

この先1か月（12/30 ～ 1/29）の気温の見通しは？

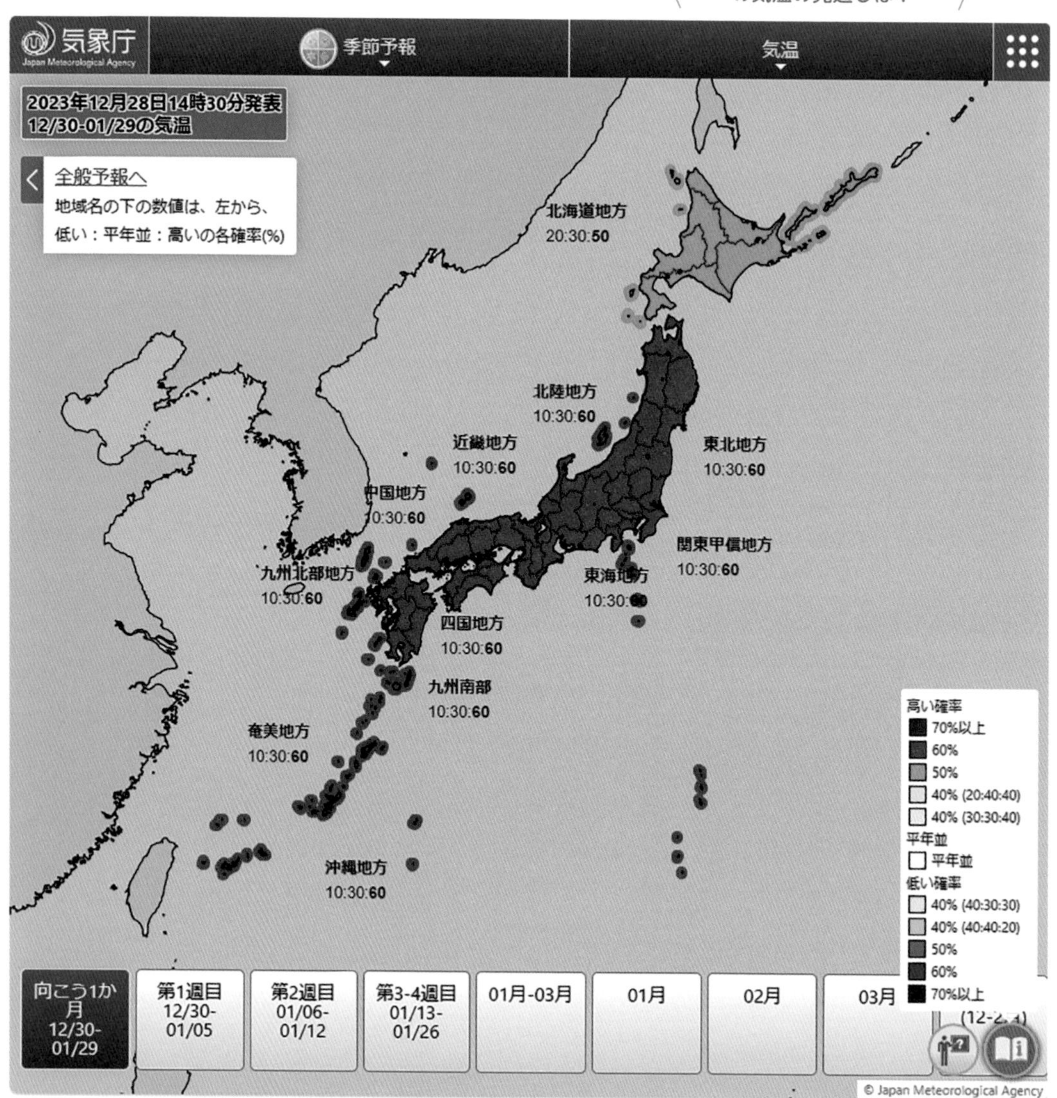

この先1か月、全国的に平年より暖かくなる確率が高いことを表している。（気象庁ホームページより）

３か月予報（降雪量）の例

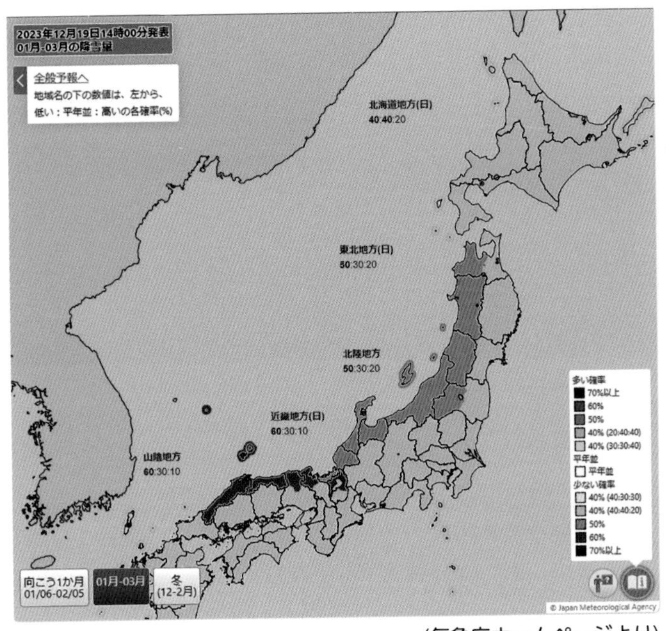

(気象庁ホームページより)

この先３か月間（１月～３月）の雪の見通しは？

冬の日本海側の降雪量の見通しを表したもの。この予報では、日本海側の雪が平年に比べて少なくなる確率が高くなっている。

平年並はどのように決められる？

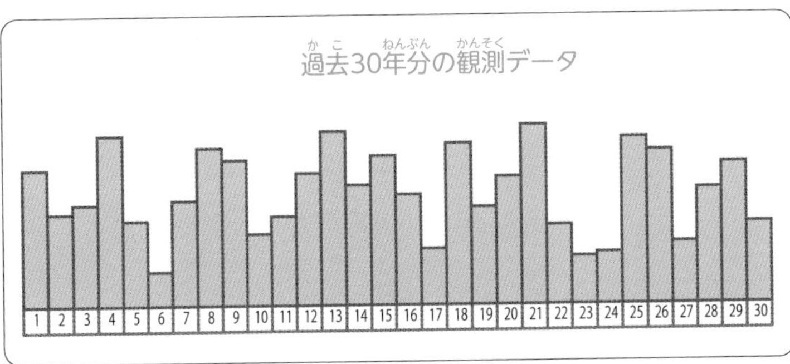

数字の小さいほうから順に並べる

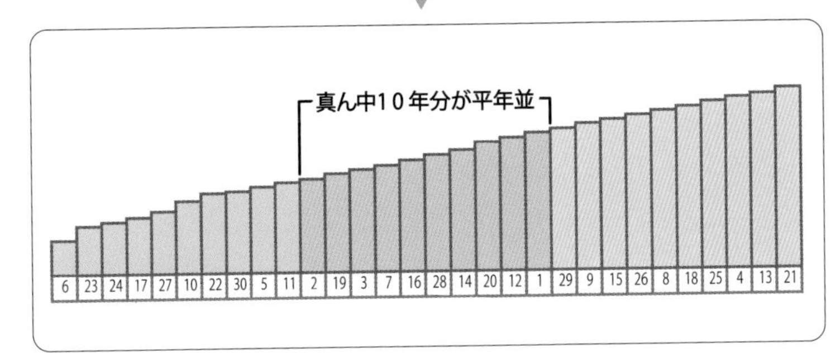

過去30年分の観測データを数字の低いほうから順に並べた時、真ん中の10年分の記録の範囲が「平年並」となります。平年並の範囲を決めるのに使う30年間は10年ごとに変わります。2021 ～ 2030年は1991年～ 2020年の30年分を、2031年～ 2040年は2001年～ 2030年の30年分を使います。

天気予報の言葉いろいろ

天気予報で使われる言葉を「予報用語」といいます。正確な情報をわかりやすく伝えるために、予報用語はきちんと意味や使い方が細かく決められています。ここでは予報用語の中からいくつか紹介します。

時々、一時、のち

天気予報では「時々」「一時」「のち」の3つがよく使われます。「時々」と「一時」は似ていますが、「時々」のほうが時間は長めです。つまり「くもり時々雨」と「くもり一時雨」では、「くもり時々雨」のほうが雨の降っている時間は長くなります。

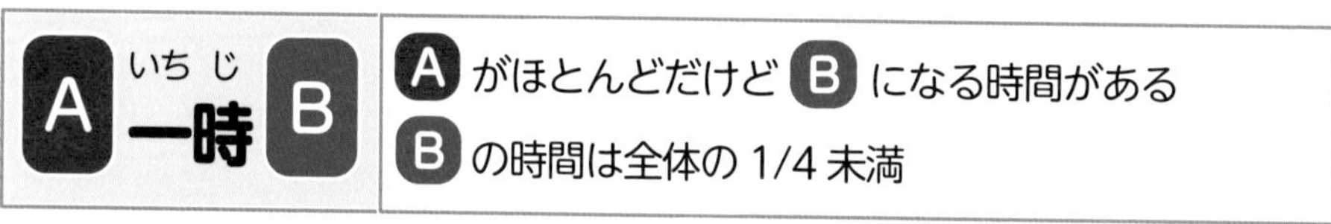

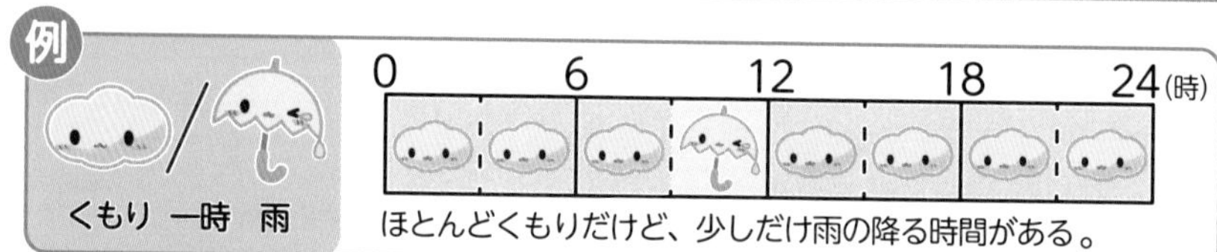

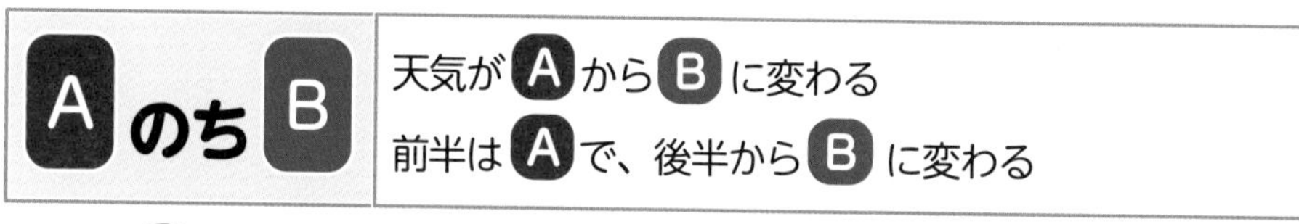

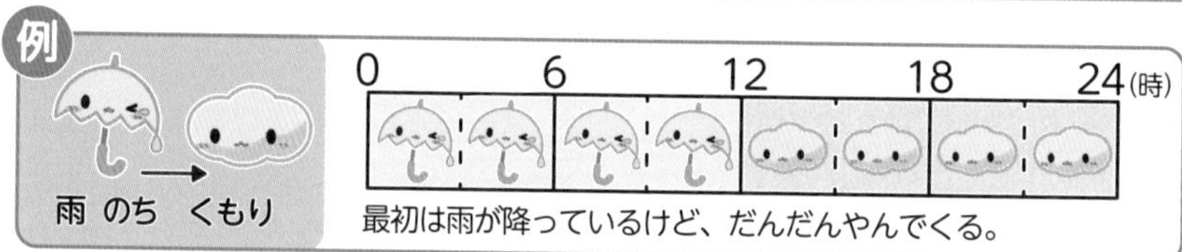

時間を表す言葉

明け方まで雨、昼過ぎから晴れという感じで、時間を表す言葉が使われることがあります。天気予報では、時間を表す言葉は以下のように決められています。昔は6時～9時を「朝のうち」、18時～21時を「宵のうち」といいましたが、今は使われなくなりました。

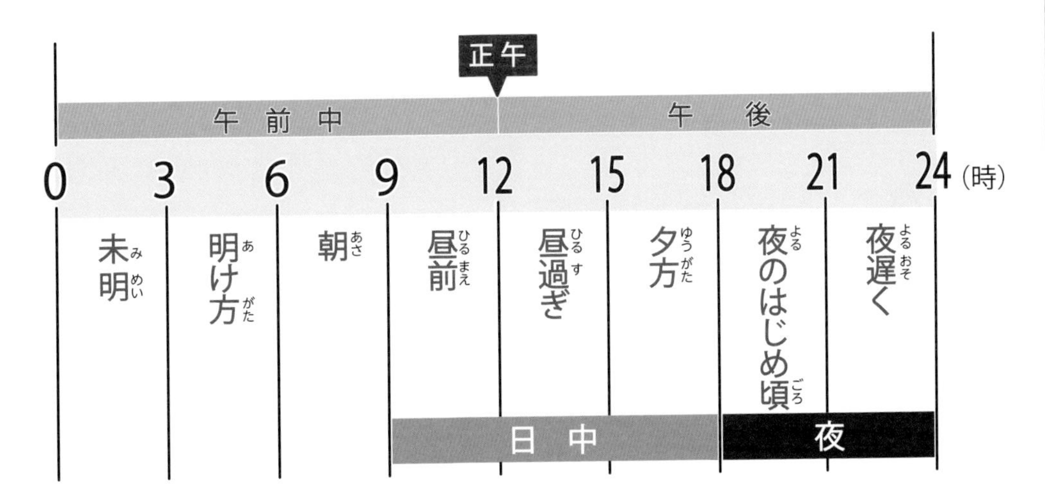

知っていると役に立つ？天気予報の言葉

天気予報の言葉の中から知っていると役に立ちそうなものをいくつかまとめて表にしてみました。ここで取り上げたもののほかにもたくさんの言葉があるので、ぜひ「予報用語」というキーワードでいろいろ調べてみましょう。

所により	せまい範囲（予報エリアの50％未満）でそうなる可能性がある。
ぐずついた天気	くもりや雨、雪が2～3日以上も続く。
天気が下り坂	晴れのちくもり、くもりのち雨のように天気が悪くなること。
天気がくずれる	雨や雪が降るような天気になること。
荒れた天気	強風注意報が発表されるような風とともに雨や雪が降る。
大荒れ	暴風警報が発表されるような風とともに雨や雪が降る。

ふぶき	風速10m以上の風とともに雪が降る。
猛ふぶき	風速15m以上の風とともに雪が降る。
しぐれる	初冬のころ、晴れたり、急に雨が降ったりする天気になること。
冷え込む	朝の最低気温がぐんと低くなること。
大気の状態が不安定	積乱雲が発生して、雷雨になりやすい状態のこと。

命とくらしを守る気象情報

大雨や大雪、台風など、災害につながるような天気が予想される時に発表される情報をまとめて「防災気象情報」といいます。防災気象情報は気象災害から身を守るための「命綱」のようなもの。防災気象情報の内容をしっかり頭に入れ、わかりやすく伝えることは、気象予報士にとってとても大切な仕事のひとつです。

※防災気象情報については『お天気を知る本』第2巻でくわしく取り上げています。

注意報・警報・特別警報

気象が原因で災害が起きる可能性がある時には「注意報」が、社会が混乱するような大きな災害が心配される時は「警報」が発表されます。そして50年に1度あるかどうかという非常事態レベルの時は「特別警報」が発表されます。「特別警報」が発表された時は、今すぐ安全を確保して、命を守るための行動をとりましょう。

注意報はほかにもこんな種類があるよ

雷	融雪	濃霧
乾燥	なだれ	低温
霜	着氷	着雪

注意報・警報・特別警報の種類

注意報	警報	特別警報
大雨	大雨	大雨
大雪	大雪	大雪
強風	暴風	暴風
風雪	暴風雪	暴風雪
波浪	波浪	波浪
高潮	高潮	高潮
洪水	洪水	

警報が出る可能性を知らせる情報

暴風などの警報が発表されると学校が休みになることがあります。警報が出るほどの状態はとても危険だからです。そういう危険な状態になる可能性を早めに知らせるのが「早期注意情報」です。早期注意情報は気象庁ホームページなどで見ることができます。

沖縄本島地方の早期注意情報（警報級の可能性）

2023年08月01日17時　沖縄気象台　発表

本島中南部では、２日までの期間内に、大雨、暴風、波浪、高潮警報を発表する可能性が高い。
本島北部では、２日までの期間内に、大雨、暴風、波浪、高潮警報を発表する可能性が高い。
久米島では、２日までの期間内に、大雨、暴風、波浪、高潮警報を発表する可能性が高い。

沖縄県本島中南部			1日	2日				3日	4日	5日	6日
			18-24	00-06	06-12	12-18	18-24				
大雨	警報級の可能性		[高]		[高]			[中]	[中]	[中]	[中]
	1時間最大		40	50	50	50	20				
	3時間最大		60	70	70	70	30				
	24時間最大			150から200							
暴風	警報級の可能性		[高]		[高]			[高]	[中]	[中]	[中]
	最大風速	陸上	40	40	40	35	30				
		海上	40	40	40	35	30				
波浪	警報級の可能性		[高]		[高]			[高]	[高]	[高]	[中]
	波高		12	12	11	10	10				
高潮	警報級の可能性		[高]		[高]			[中]	[中]	[中]	[中]

沖縄県本島北部			1日	2日				3日	4日	5日	6日
			18-24	00-06	06-12	12-18	18-24				
大雨	警報級の可能性		[高]		[高]			[中]	[中]	[中]	[中]
	1時間最大		40	50	50	50	20				
	3時間最大		60	70	70	70	30				
	24時間最大			150から200							
暴風	警報級の可能性		[高]		[高]			[高]	[中]	[中]	[中]
	最大風速	陸上	35	35	35	35	30				
		海上	35	35	35	35	30				
波浪	警報級の可能性		[高]		[高]			[高]	[高]	[高]	[中]
	波高		12	12	11	10	10				
高潮	警報級の可能性		[高]		[高]			[中]	[中]	[中]	[中]

早期注意情報の例　　(気象庁ホームページより)

雨や雪が降る量を予測する

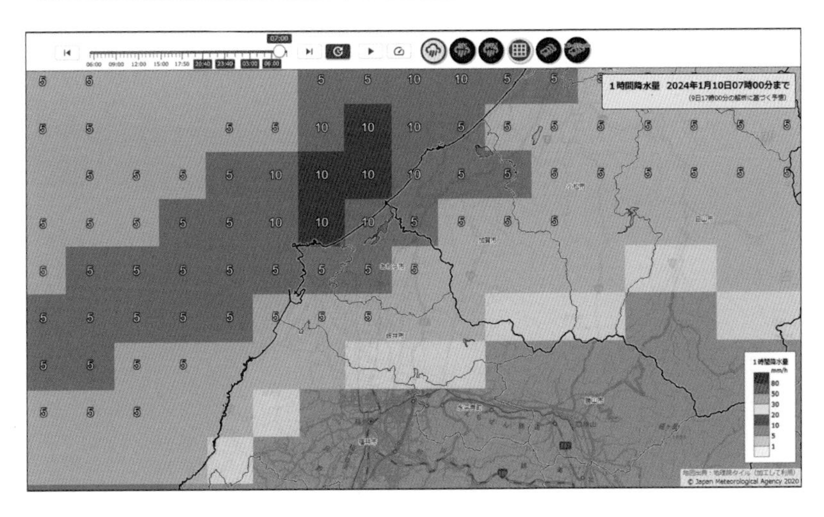

降水短時間予報の例。この画像は2024年１月10日６時～７時の１時間降水量を予想したもの。
（気象庁ホームページより）

雨や雪の量（１時間降水量）を予想して、地図に表したものを「降水短時間予報」といいます。雨が多くなると、土砂災害などの災害につながるおそれがあるため、それを知るのに使われます。

また雨雲がどのように動いて、どこで雨が強まるのかを細かく予想したものを「降水ナウキャスト」といいます。ふつう「雨雲の動き」と呼ばれています。そして記録的な大雨の原因となる「線状降水帯」が発生した時は、この降水ナウキャストの中で、その位置と、10分後、20分後、30分後の動きを予想した情報が発表されます。

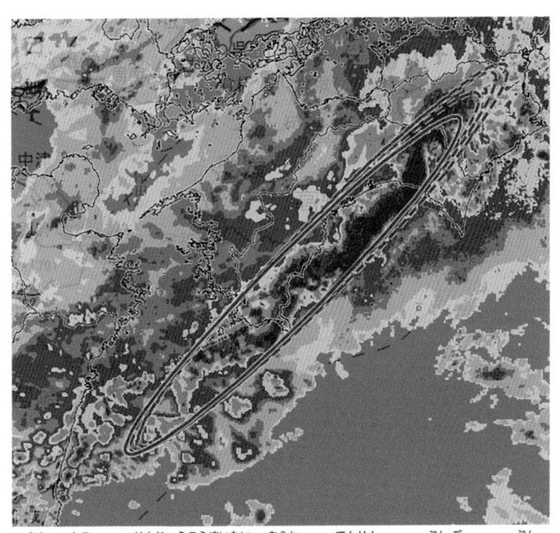

赤い囲みは線状降水帯を表す。点線は10分後、20分後、30分後の動きを予想したもの。
（気象庁ホームページより）

降雪短時間予報

雪が強く降って一気に積もると、車が動けなくなるなどの問題が発生します。そこで６時間先までの雪の量を予想して地図に表した「降雪短時間予報」が発表されています。これを使うことで雪の状況とこれからどうなるのかを細かく見ることができます。

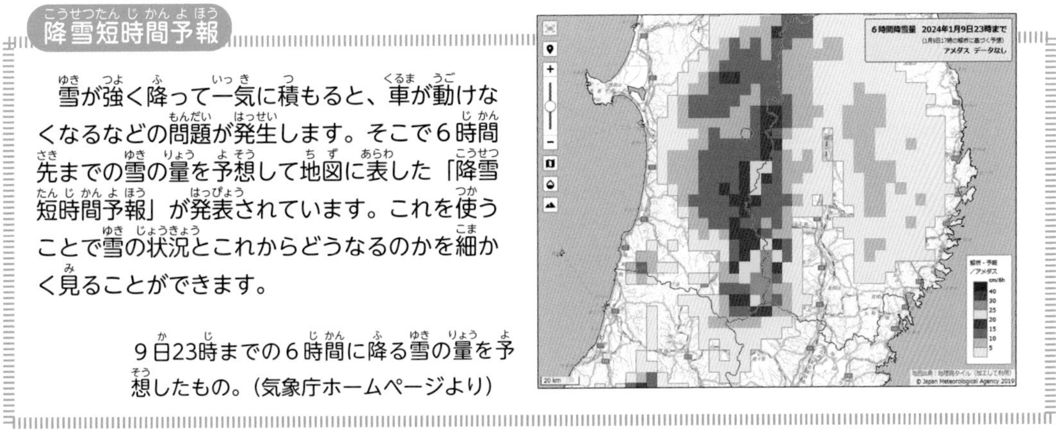

９日23時までの６時間に降る雪の量を予想したもの。（気象庁ホームページより）

キキクル（危険度分布）

大雨の時、具体的にどこが危険になっているのかをリアルタイムで細かく地図に表したものがキキクル（危険度分布）です。危険な現象の種類によって、土砂キキクル、浸水キキクル、洪水キキクルの３つの情報があります。いずれも気象 庁ホームページで確認できます。

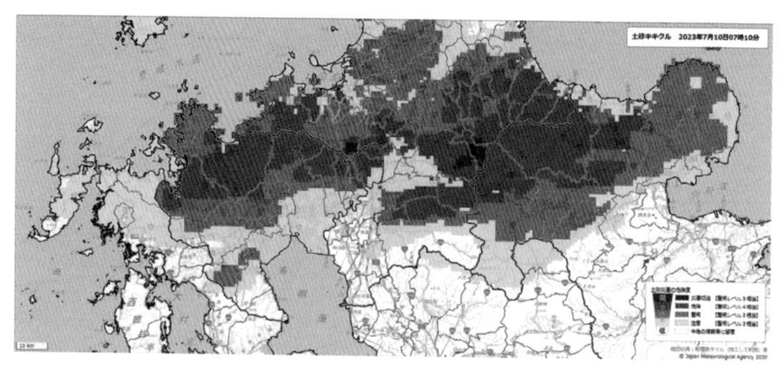

土砂キキクル

土砂災害の危険性が高まっている場所を細かく知ることができる。

（気象庁ホームページより）

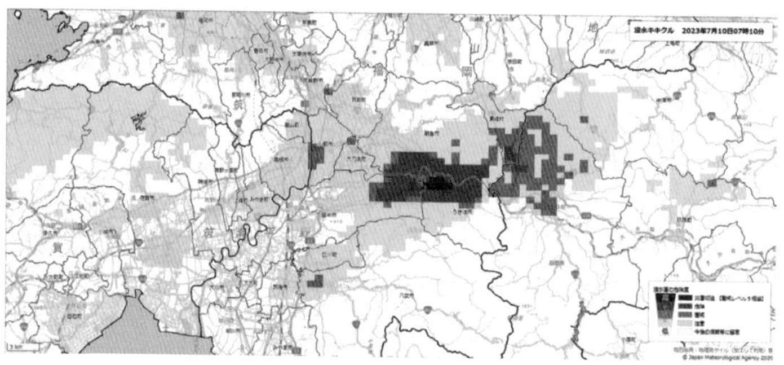

浸水キキクル

大雨で水びたしになる危険のある場所を細かく知ることができる。

（気象庁ホームページより）

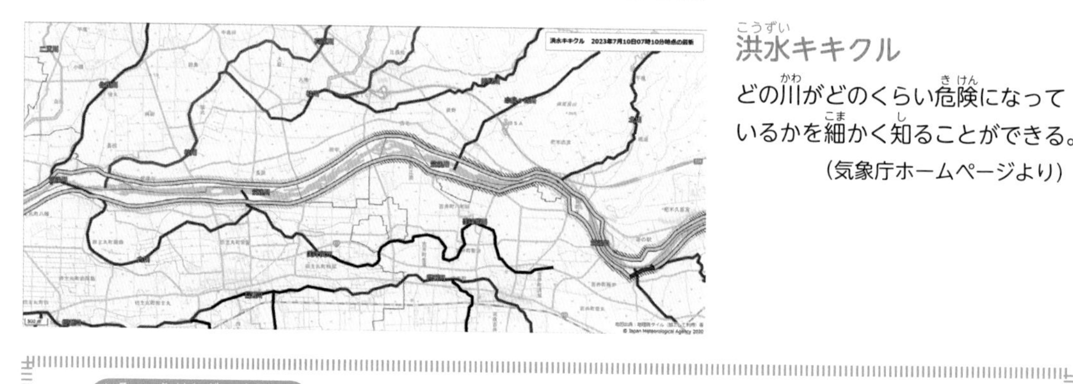

洪水キキクル

どの川がどのくらい危険になっているかを細かく知ることができる。

（気象庁ホームページより）

色で危険度を表す

災害の危険度は警戒レベルと色で表されます。警戒レベル３（赤）は避難に時間のかかる人（高齢者や障がい者など）が行動を始める目安です。警戒レベル４（紫）の時は全員が安全な場所に避難する必要があります。

５段階の警戒レベルと色

1	2	3	4	5

警戒レベル４（紫色）で
全員安全な場所へ避難！

台風情報

台風は夏から秋にかけて日本列島をおそい、毎年のように大きな災害をもたらしています。台風が発生すると、台風の状態を表す情報（現在位置、中心気圧、最大風速・最大瞬間風速、進行方向・進行速度）と、今後の進路予想が発表されます。また地図中には風速25m以上の風が吹く「暴風域」と、風速15m以上の風が吹く「強風域」の範囲も表されます。

台風が日本列島に近づいてくると雨の量、風の強さ、波の高さなどの予想も発表されるようになります。

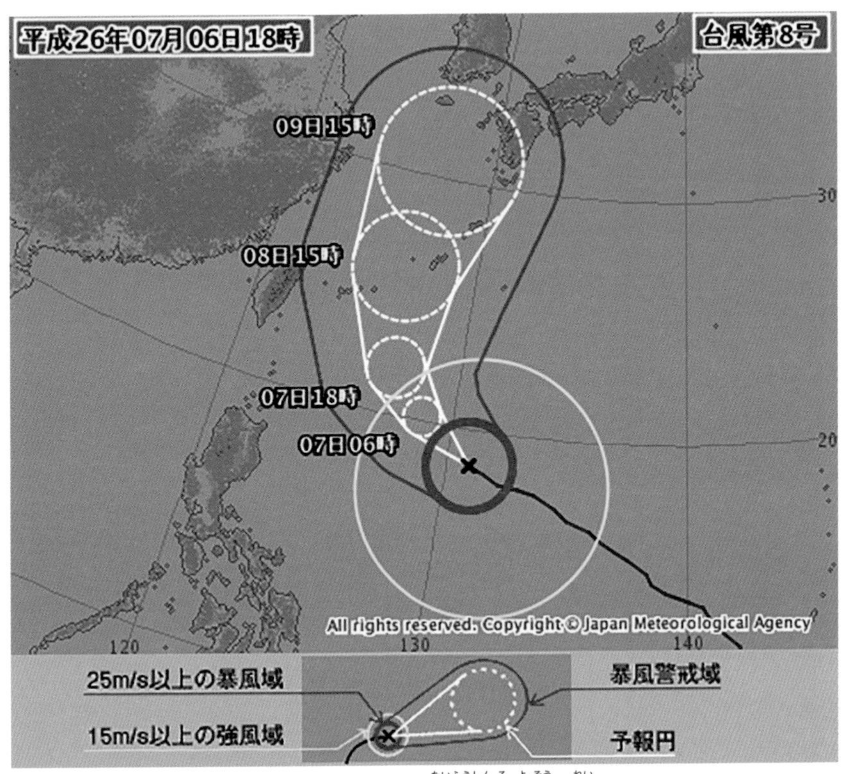

台風進路予想の例（気象庁ホームページより）

台風進路予想の見かた

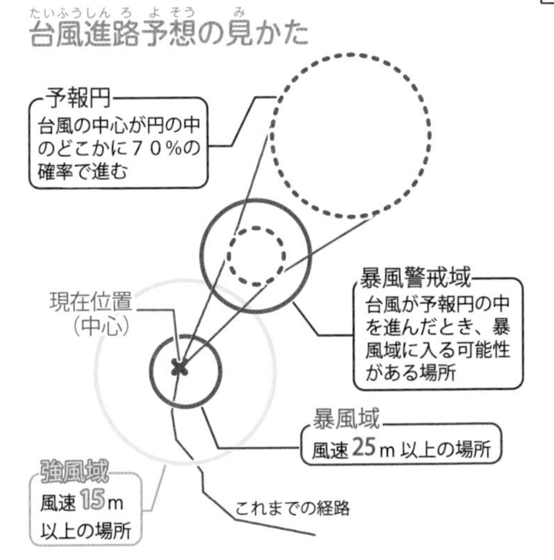

台風の進路予想は予報円と暴風警戒域を使って表されます。予報円は、この円の中のどこかに台風の中心がくる可能性が高い（確率70%）という意味です。そして暴風警戒域は、台風が予報円の中を進んだ時、風速25m以上の暴風域の中に入る可能性のある場所です。

熱中症警戒アラート

熱中症警戒アラートは、熱中症になる危険がとても高いと予想される時、気象庁が環境省と協力して発表する情報です。

熱中症警戒アラートにはWBGT（暑さ指数）という数字が使われています。これはわたしたちのからだと空気との間の熱のやり取りを表したもので、WBGTは気温と湿度、輻射熱（太陽からの熱、アスファルトなどからの照り返しの熱）の３つをもとに計算されます。この数字が28をこえると熱中症になる人がとても多くなり、31をこえると「危険」とされています。熱中症警戒アラートはさらにその上の33以上が予想される時に出るので、「危険中の危険」であるといえます。

実際に発表された熱中症警戒アラートの例

埼玉県熱中症警戒アラート　第２号
2022年08月02日05時00分　環境省 気象庁発表

埼玉県では、今日（２日）は、熱中症の危険性が極めて高い気象状況になることが予測されます。外出はなるべく避け、室内をエアコン等で涼しい環境にして過ごしてください。
また、特別の場合以外は、運動は行わないようにしてください。
身近な場所での暑さ指数を確認していただき、熱中症予防のための行動をとってください。

[今日（２日）予測される日最高暑さ指数（ＷＢＧＴ）]
寄居３３、熊谷３４、久喜３４、秩父３３、鳩山３４、さいたま３４、越谷３５、所沢３３

[今日（２日）の予想最高気温]
熊谷４１度、さいたま３９度、秩父３９度

この情報は暑さ指数（ＷＢＧＴ）を３３以上と予測したときに発表する情報です。予測対象日の前日１７時頃または当日５時頃に発表します。
予測対象日の前日に情報（第１号）を発表した都道府県では、当日の予測が３３未満に低下した場合でも５時頃にも情報（第２号）を発表し、熱中症への警戒が緩むことのないように注意を呼びかけます。　（気象庁提供の情報文を一部抜粋）

WBGT（暑さ指数）の目安

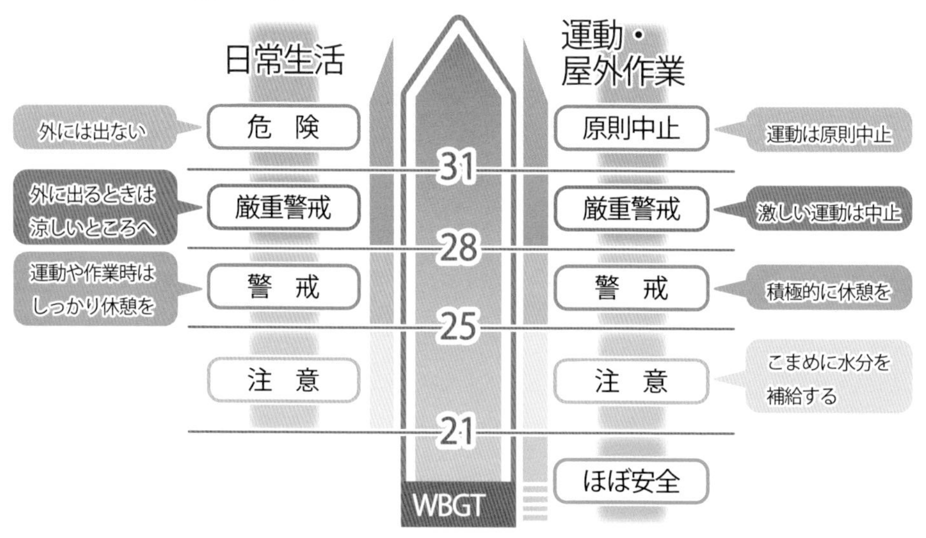

船や飛行機の安全を守る情報

船や飛行機は天気の影響を受けやすく、あらしに巻きこまれると、大きな事故につながります。そのため的確な気象情報を提供し、船や飛行機の安全を守ることは、気象庁や気象予報士にとって重要な使命のひとつといえます。

気象庁は、わたしたち向けの気象情報とは別に、船舶向けの気象情報（船の安全を守る情報）や、航空向けの気象情報（飛行機の安全を守る情報）をいろいろと発表しています。

船舶向けには、海上の天気や風、波の高さ、濃い霧の発生状況などの情報があります。また航空向けには、飛行場周辺の天気予報や、飛行機にとって危険な現象の予想などが発表されています。

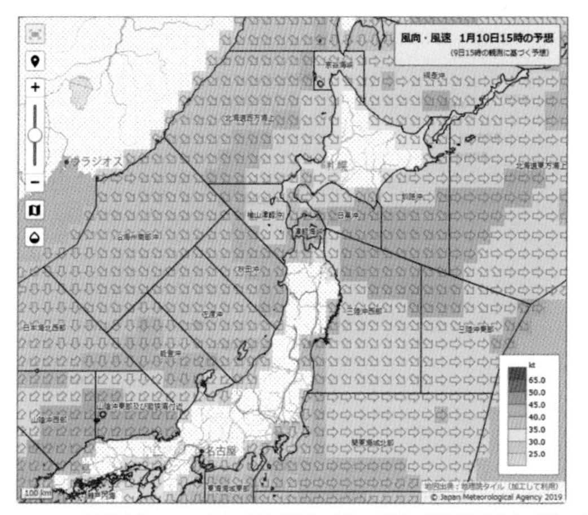

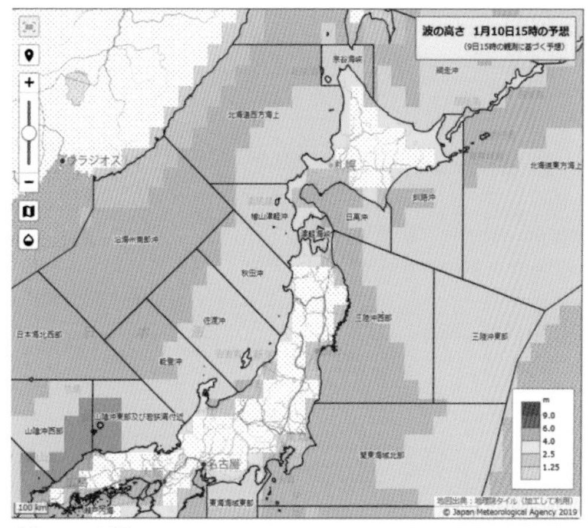

船舶向けの気象情報の例。左は風向風速、右は波の高さの予想。（いずれも気象庁ホームページより）

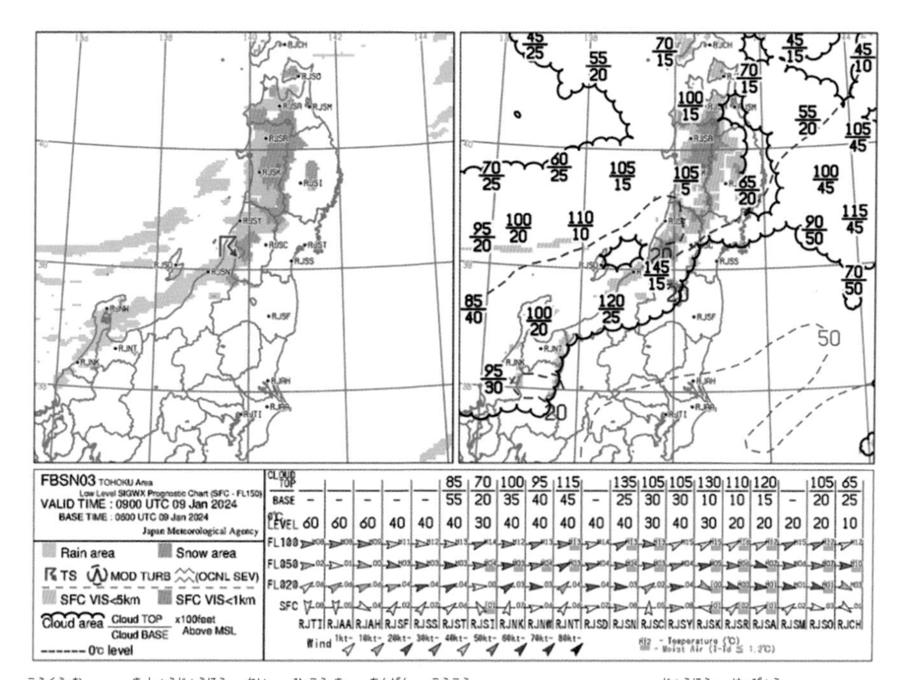

航空向けの気象情報の例。飛行機が安全に航行できるようさまざまな情報が発表されている。

（気象庁ホームページより）

気象庁ってどんなところ？

国の行政機関のひとつ

気象庁は国の行政機関のひとつで、国土交通省の中に位置づけられています。気象や地震、火山などさまざまな自然現象を研究・観測・予測して、わたしたち国民の命やくらしを自然災害から守る役割をはたしています。気象庁本庁は東京にありますが、全国各地に地方気象台があり、おもな飛行場には航空気象台も置かれています。ほかにも気象庁に関係した機関がいろいろあります。

気象庁本庁は東京都港区虎ノ門にある。

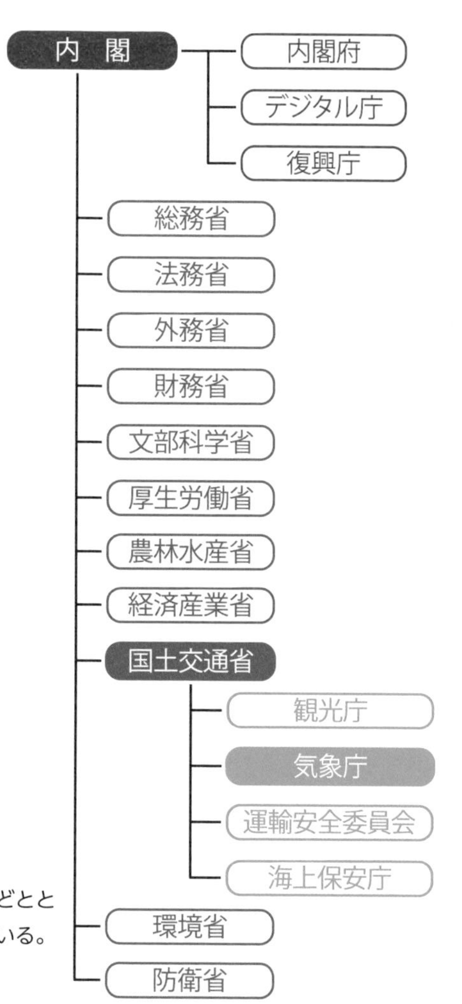

気象庁は観光庁や海上保安庁などとともに国土交通省に位置づけられている。

2023年8月1日現在

地震や火山も担当

気象庁は気象だけではなく、地震や津波、火山、海の状態（海水温や海流など）など、さまざまな自然現象を担当しています。そのため地震情報や津波警報、噴火速報などの情報も気象庁から発表されています。

◆くらしに役立つ気象情報を提供

毎日の天気予報、季節予報など。

◆命やくらしを守る気象情報を提供

警報・注意報、台風情報など。

◆地震や津波を観測、情報提供する

緊急地震速報、震度速報、津波情報など。

◆火山を観測し、情報提供する

噴火警戒レベル、噴火速報など。

◆温暖化などの環境問題に取り組む

温室効果ガスやオゾン層、黄砂の観測など。

天気予報にもルールがある

天気予報のことは「気象業務法」と呼ばれる法律でいろいろ決められています。たとえば、気象庁以外の人が天気予報を仕事として発表する時は、気象予報士の資格を取り、さらに気象庁から許可を受けなければなりません。また大雨などの警報を発表できるのは原則として気象庁のみで、気象予報士が自分で発表することはできません。

気象予報士のお仕事インタビュー 

工事現場や流通、健康を支える

株式会社ライフビジネスウェザー

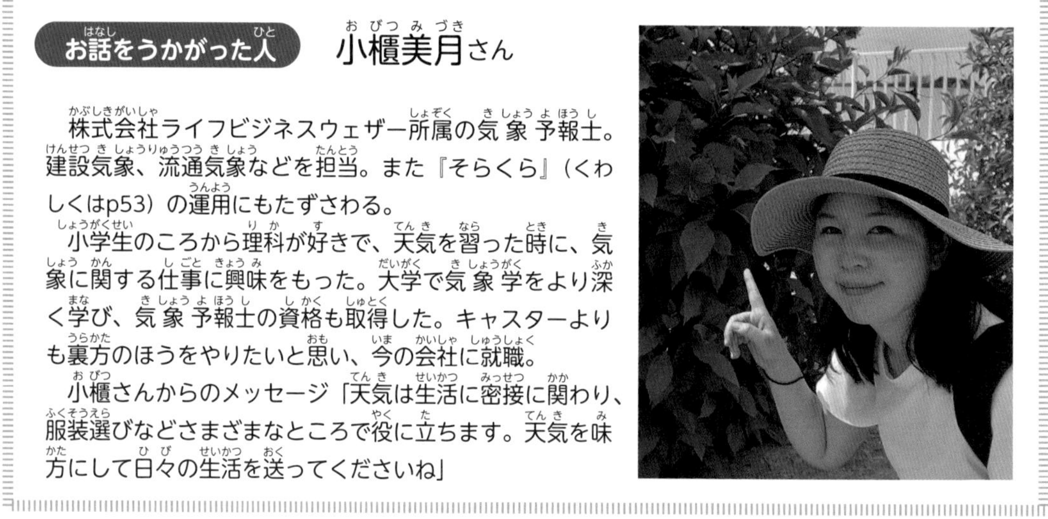

お話をうかがった人　小櫃美月さん

株式会社ライフビジネスウェザー所属の気象予報士。建設気象、流通気象などを担当。また『そらくら』（くわしくはp53）の運用にもたずさわる。

小学生のころから理科が好きで、天気を習った時に、気象に関する仕事に興味をもった。大学で気象学をより深く学び、気象予報士の資格も取得した。キャスターよりも裏方のほうをやりたいと思い、今の会社に就職。

小櫃さんからのメッセージ「天気は生活に密接に関わり、服装選びなどさまざまなところで役に立ちます。天気を味方にして日々の生活を送ってくださいね」

おもな仕事内容を教えてください。

株式会社ライフビジネスウェザーは、もともと生気象学（天気とからだの関係を研究する学問）をもとに「健康気象」に関する情報を提供していました。

現在は仕事の範囲を広げて、建設気象、流通気象、健康気象の３つのジャンルに力を入れています。建設気象は工事現場で、流通気象はお店で、それぞれ必要な情報をお届けする仕事です。

また天気に関係する生活情報をお届けするメディアとして『そらくら』というホームページを立ち上げて運用しています。

建設気象

工事現場の安全を守るために必要な気象情報を提供

流通気象

スーパーなどのお店が、商品を仕入れる時に参考にするための情報を提供

健康気象

健康と天気は大きな関係があるため、それに関する情報を提供

『そらくら』について教えてください。

【子育てコラム】秋冬の小学生向け　明日なに着ていく？

2022.09.07　家事・育児　#吉田邦枝先生【小児科医】, 子どもの服装, 子育て

季節の変わり目は気温の変化が大きく服装選びに迷ってしまいますね。また、小学生の女の子は自分で洋服を選びたい気持ちも芽生えます。だんだん寒くなるこれからの季節、いつ頃どんな服を選べばいいのか悩んでしまいますね。最高気温をもとにした、小学生の秋冬の服装選びのポイントを紹介します！

そらくら（https://sorakura.jp/）
日々のくらしに役立つ天気の話題がたくさんのっている。

2022年９月にオープンしたネットメディアです。「天気（＝そら）を味方にくらし（＝くら）を豊かにする」という意味で『そらくら』という名前になりました。日々の天気予報はもちろん、天気に関連した生活に役に立つ情報を発信しています。また健康気象に関する情報として、医師と連携したコラムものせています。

建設気象についてくわしく教えてください。

建設気象は、工事現場に必要な気象情報をお届けする仕事で、『KIYOMASA PRO』というサービスを展開しています。

工事現場専用の気象情報システムで、それぞれの現場ごとにピンポイントで天気予報などの情報を提供しています。

たとえば下水道の工事では、雨が降ると危険なため作業が中止となります。また足場を組んだり、クレーンを使う工事では、風の予報が重要です。それからコンクリートは気温によって配合を変えるなど、その場の天気の影響を強く受けます。

現場の安全を守り、また現場の作業に必要な情報をお届けするためがんばっています。

時刻	11:00	12:00	13:00	14:00	15:00
天気					
降水(mm)	6.5	8.3	10.4	7.0	6.8
24h積算(mm)	49.2	42.7	34.5	24.0	17.0
気温(℃)	26.9	26.8	26.8	26.8	26.8
湿度(%)	93	93	93	93	93
風向	➤	➤	➤	➤	➤
風速(m/s)	7.2	7.1	7.7	7.7	7.5

今日の熱中症情報
ほぼ安全

今日のヒヤリハット
やや起こりやすい

8.7°C
アメダス東京 2/9 15:20
降水 0.0mm
風速 3.8m/s
風向

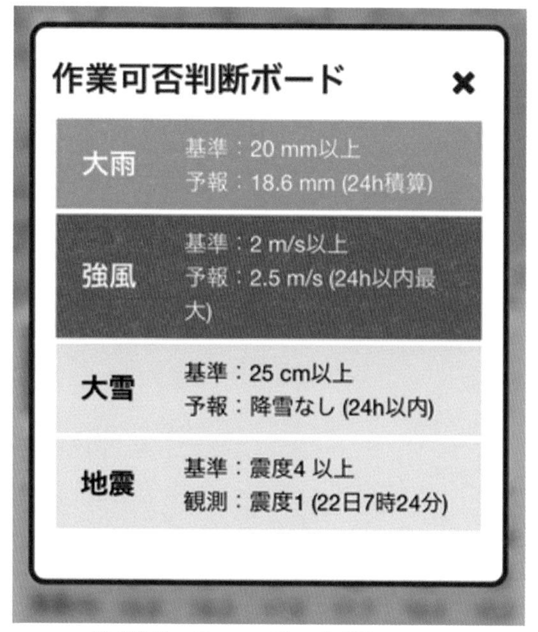

『KIYOMASA PRO』で提供している情報の例。それぞれの工事現場に合わせた細かい情報をお届けしている。天気の急変など危険を知らせる「通知機能」もある。

流通気象についてくわしく教えてください。

お店の客数や、売れる商品の種類は、その時の天気によって大きく変わってきます。そこで会社が得意としている生気象学を応用して、天気と商品の売り上げの関係を研究。「流通気象」として、商品の仕入れなどに役立つ情報を細かくお届けしています。そのためのサービスとして「販促天機」というシステムを運用しています。

日々の天気予報だけではなく、半年先までの予報も提供しています。半年先までの予報は、商品の仕入れや販売の計画をつくるために使われています。

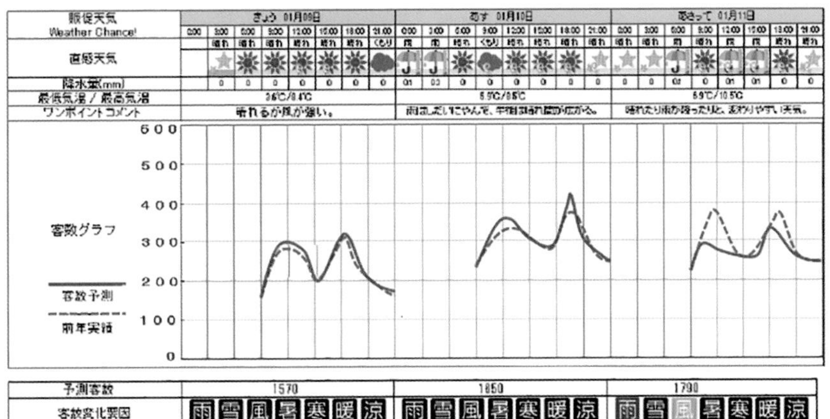

販促天機の画面例。
この画面では、天気予報と合わせて、どのくらいお客様が来るかの予測も行っている。

※「おでん前線」は紀文食品の登録商標です。

食品メーカーとのコラボも！

過去に食品メーカーとコラボしたおでん企画を、2022年に『そらくら』で、気温低下の予想に合わせてコラムとして発表しました。

おでんの売上アップにもつながるよう、思わず食べたくなるような内容にしています。

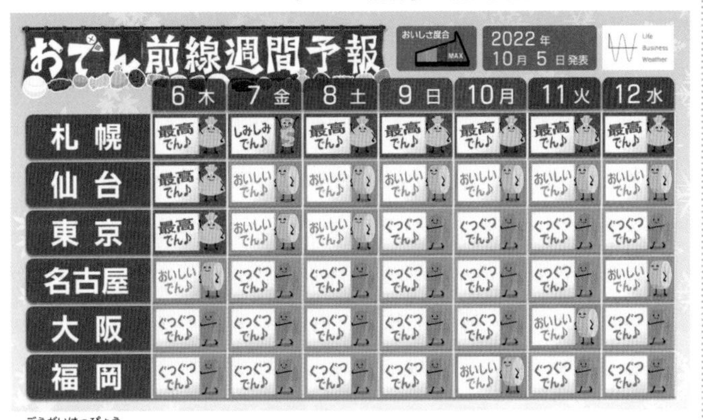

【号外発表】
秋の空気流れ込む！ おでん前線週間予報で身体も心も温めよう！

記事アドレス　https://sorakura.jp/20221005202-2/
※2024年1月現在。アドレスは変わることがあります。

天気予報を支える気象観測

今の状態を知る

おもな気象観測の種類

地上の気温、降水量、風、日照時間、湿度などを記録

上空の気温や風などを記録する

画像は気象庁提供

雨雲の広がり・動き、雨の強さを見る

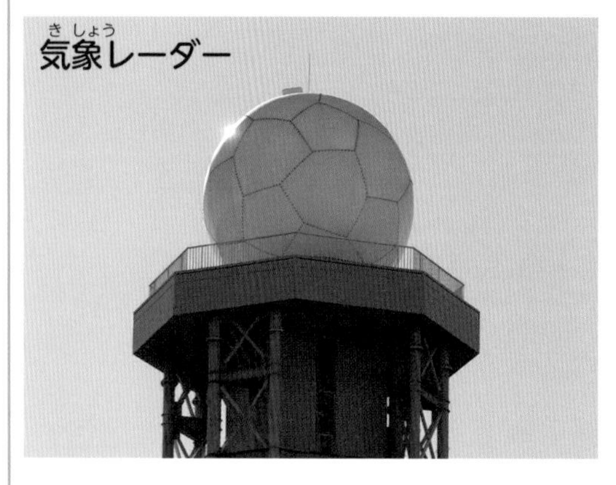

宇宙から雲を撮影。雲の広がり・動きを見る

画像は気象庁提供

天気予報をするには、まず「今がどうなっているのか」を知る必要があります。そのために行われるのがさまざまな気象観測です。アメダスは日本各地の地上の気象状況を細かく記録するシステムです。またラジオゾンデは観測用の機械に気球をつけたものです。これを飛ばして上空の大気の状態を記録しています。

気象衛星は雲の広がりや動きを、気象レーダーは雨や雪の強さや位置を調べるのに使われます。

このほかにもさまざまな気象観測が行われています。

地域気象観測システム（アメダス）

地域気象観測システム（アメダス）は、地上の気温や湿度（空気の湿り具合）、風、日照時間（太陽の光が当たった時間）、降水量（雨や雪の量）、積雪深（積もった雪の深さ）を記録するためにつくられた観測システムです。観測所は全国に約1300か所あり、降水量のみの観測所もあります。また雪の多い地域では、積雪深も観測しています。

それから、最近は湿度の観測も行われるようになっています。

これらの観測結果は自動で集められ、気象庁ホームページなどで見ることができます。

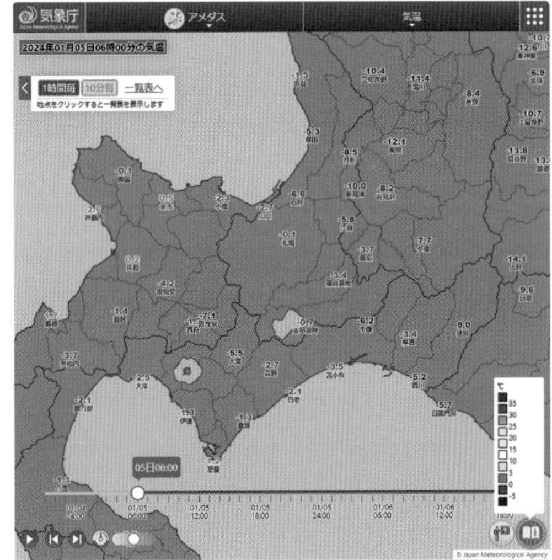

アメダスで観測した気温を地図に書きこんだもの。気温の分布がひと目でわかる。

（気象庁ホームページより）

どうしてアメダスっていうの？

地域気象観測システムは英語でAutomated Meteorological Data Acquisition Systemといいます。そして頭文字を取って並べるとAMeDASとなります。アメダスはこのAMeDASをカタカナ読みしたものです。

A utomated
Me teorological
D ata
A cquisition
S ystem

気象レーダー観測

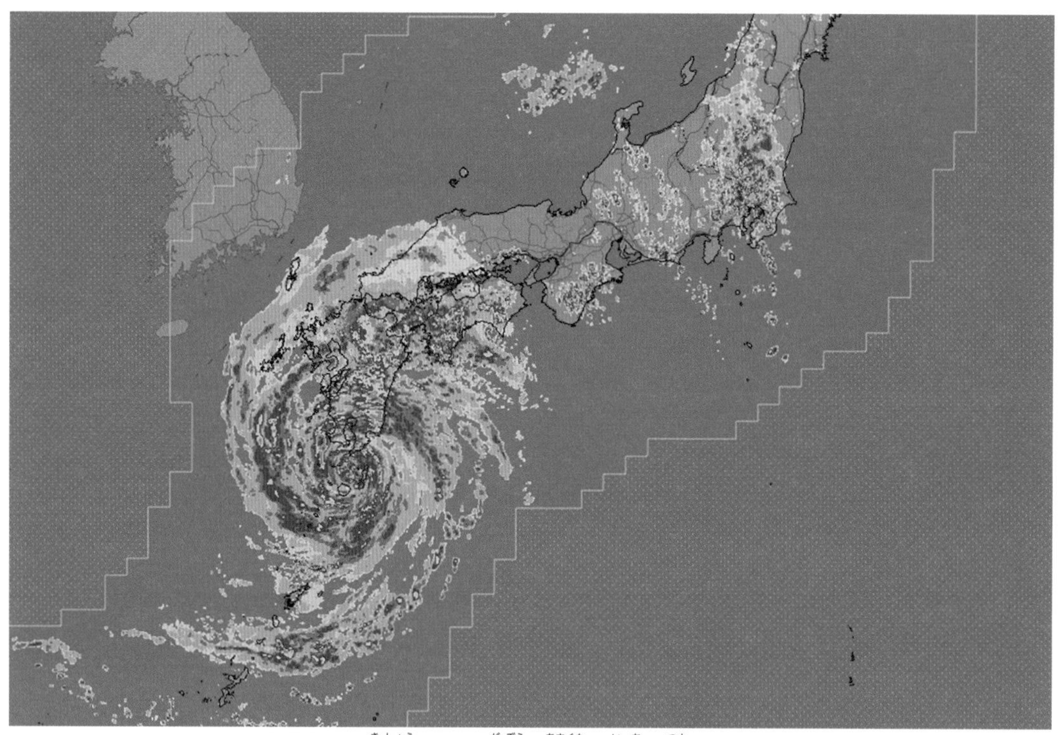

気象レーダー画像。雨雲の位置や強さがわかる。（気象庁ホームページより）

雨や雪を観測するのに使われるのが気象レーダーです。気象レーダーは電波を発射しています。この電波は雲の中にある雨や雪の粒に当たると、はね返ってきます。このはね返ってきた電波をもとに、雨や雪が降っている場所や強さを計算し、レーダー画像を作成します。これを見れば、どこでどのくらいの強さの雨や雪が降っているのか、ひと目でわかります。またパラパラ漫画のようにすると雨雲の動きをつかむことができます。

気象レーダーは全国に20か所ある。（2024年1月現在）

気象衛星観測

現在日本が使っている気象衛星は「ひまわり9号」（バックアップとしてひまわり8号が待機）です。宇宙から雲を観測するために使われます。気象衛星を使うと地球全体の様子がよくわかり、天気予報に必要な情報を一気にたくさん集めることができます。

地球を回る気象衛星のイメージ。宇宙から雲の写真を撮影している。

（画像は気象庁提供）

気象衛星は夜もちゃんと写るの？

気象衛星画像にはいくつかの種類があります。よく使われるのは地球から出る赤外線の様子を写した赤外画像と、目に見える光を写した可視画像です。可視画像は細かいところまでくっきり見えるものの、ふつうの写真と同じなので夜は真っ暗になってしまいます。一方の赤外線は1日じゅう出続けているので、赤外画像は夜でもはっきりと写ります。

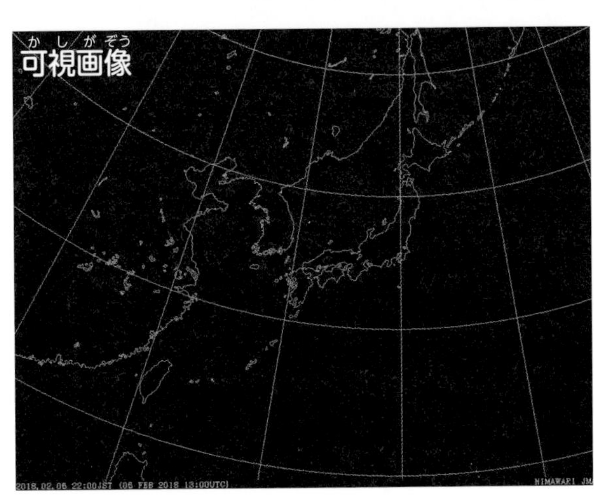

どちらも2018年2月6日午後10時の気象衛星画像。夜なので下の可視画像は真っ暗だけど、上の赤外画像は雲の様子がしっかり写っている。

（いずれも気象庁ホームページより）

自然科学系ライターの岩槻秀明こと
わぴちゃんデス!

この本を書いた
岩槻秀明こと
わぴちゃんで～す
はじめまして
気象予報士の
仕事をいろいろ紹介
してきたけれど、
わたしは、自然科学系
のライターとして
活躍しています
かわいい服大スキ♥
ほかにも、学校で講座や
出張授業もするし、自然
観察会などの先生もしています
うわ～
へ～

わたしは本をつくる仕事をメインに
してるけど、メディアや
イベントの依頼が
あれば、積極的に
出演してます
いかだ社からは
草花や昆虫、気象の
本など出してます!
お散歩の草花ポケットブック
雲を知る本
えっ?
いつもどんな
感じでお仕事して
いるのか
知りたいって?
まずは愛用の
カメラをもって
お外へ
GO～!

気象の写真を撮りに行ったり
気象を予測して…
めずらしい雲だ〜
やったー
でも、たまには…
せっかく来たのにからぶり
気象でからぶりしたときは
植物や昆虫などの自然観察したり
やった！探していたお花だ〜！
おもしろい虫みつけた
すごくたのしい

今後は、子ども向け番組で自然や科学の楽しさを伝える仕事もしたい〜
わぴちゃんです
キラ
キラ
キラ
キラ
また、ブロッケン現象など、まだ撮影できていない気象の写真も撮りたいです

外に行こう！
気象は自然現象だからみんなもまずは外に出て自分の目で空を見て、自分のはだで空気を感じてほしいんです
いい天気だ〜
家の周りはもちろん旅先などでも雲や空、天気にかんするさまざまなことを意識して探すようにするといいですよ〜！
なぜ？どうして？を見つけて調べていくと楽しく学べます
ぜひやってみてね

1
出版社からの依頼
ぜひ いっしょに 本をつくり ませんか
出版社
OKです
2
打ち合わせ
岩槻秀明こと わぴちゃんと申します
よろしく おねがいします
3
どんな本にするか 内容を考えてページを 構成する
山の天気
気象予報士 おしごと
めずらしい雲
気象予報士に なるためには
気象庁って?
こんなかんじ で〜♪
○○も 入れたいですね

4
内容が決まったら 執筆に とりかかる
なかなか進まないことも…
この本が できるまで
おまけ
BOOK
5
編集さん からのきびしい さいそく も?
原稿進んで ますか?
あわあわ…

6
取材先 との インタビュー
オンライン便利!
はじめまして
はい… よろしくです
7
原稿が上がって デザイン依頼
デザイナー です
了解 しました
8
構成作業〜 校正 修正作業
まちがい 見つけた

9
印刷所 入稿 〜見本 完成
できた!
10
書店に並ぶ
本屋
書店や図書館で 見つけたら手にとって 読んでみてね〜

さくいん

【プロフィール】

岩槻秀明（いわつき　ひであき）

宮城県生まれ。気象予報士。千葉県立関宿城博物館調査協力員。日本気象予報士会、日本気象学会、日本雪氷学会、日本植物分類学会会員。自然科学系のライターとして、植物や気象など自然に関する書籍の製作に携わる。自然観察会や出前授業などの講師も多数務める。また「わぴちゃん」の愛称でテレビなどのメディアにも出演している。

【気象に関する主な著書】

『図解入門　最新気象学のキホンがよ〜くわかる本』（秀和システム）
『最新の国際基準で見分ける雲の図鑑』（日本文芸社）
『気象予報士わぴちゃんのお天気観察図鑑』（いかだ社）など。

公式ホームページ「あおぞら☆めいと」https://wapichan.sakura.ne.jp/
公式ブログ「わぴちゃんのメモ帳」https://ameblo.jp/wapichan-official/
公式Xアカウント　@wapichan_ap

【参考文献】

最新 天気予報の技術 改訂版』天気予報技術研究会編（東京堂出版）
『気象予報士ハンドブック』日本気象予報士会編（オーム社）
気象庁ホームページ　https://www.jma.go.jp/jma/index.html
環境省 熱中症予防情報サイト　https://www.wbgt.env.go.jp/

【協力】

株式会社 ヤマテン／一般財団法人 日本気象協会／株式会社 ライフビジネスウェザー

写真・図版●岩槻秀明　本文イラスト●山口まお　マンガ●伊東ぢゅん子
編集●内田直子　本文DTP●渡辺美知子　装丁●トガシユウスケ

【図書館版】気象予報士わぴちゃんの
お天気を知る本　気象予報士のしごと

2024年4月11日　第1刷発行

著　者●岩槻秀明
発行人●新沼光太郎
発行所●株式会社いかだ社
〒102-0072東京都千代田区飯田橋2-4-10加島ビル
Tel.03-3234-5365　Fax.03-3234-5308
ウェブサイト　http://www.ikadasha.jp
振替・00130-2-572993
印刷・製本　モリモト印刷株式会社

Printed in Japan
ISBN978-4-87051-597- 0